KB053546

곡선이
치유한다

시로 엮은 제주 오름왕국 이야기

곡선이
치유한다

글 한영조 · 사진 김선무

정출판

오름왕국 곡선이 치유한다

제주 오름왕국은 곡선의 도시다. 부드러운 곡선으로 이어져 있다. 백록담에서 바닷가까지 이어지는 능선은 유연하다. 오름왕국을 휘감고 있는 해안선도 마찬가지다. 높아졌다 낮아지고 커졌다 작아지고 들어갔다 나오고를 반복한다. 그러면서도 어느 하나 단절된 곳 없이 면면히 이어져 있다. 그곳에는 식물이 자라고 동물이 살고 사람이 산다. 그래서 오름왕국 곡선은 치유의 곡선이다. 곡선에는 거짓이 없다. 진실만이 있다. 설문대할망이 빚어낸 자연 그대로의 진실 곡선만이 살아 숨 쉬고 있다. 고유한 치유에너지가 흐른다. 심한 스트레스를 받거나 슬픔에 젖은 수많은 사람들의 아픔을 치유해주고 있다.

오름왕국의 '왕국'은 군집을 뜻한다. 사전적으로는 '왕이 다스리는 군주제 국가'로 설명하고 있다. 이는 인간사회를 통치하는 하나의 제도로 해석된다. 또 다른 의미는 어떤 대상물이 집단적으로 군집을 이루고 있는 지역을 가리키기도 한다. 그렇게 볼 때 오름왕국은 한라산을 중심으로 제주 전역에 걸쳐 크고 작은 368개의 오름으로 구성된 집단을 의미한다.

오름왕국 탄생신화는 설문대할망 설화에서 기인한다. 하늘에서 내려온 할망은 제주도 지형을 설계하고 오름왕국을 만들기 위해 흙을 일곱 차례나 옮겨 한라산을 만들고 옮기면서 흘린 흙덩어리가 오름이 된다. 이렇게 만들어진 오름왕국 모양은 마치 달걀 같은 타원형을 이루고 있다. 동서로는 길고 남북으로는 짧은 구조다. 오름정상에 있는 굼부리 또한 그렇다. 타원형은 마치 둥지와 닮았다. 둥지는 새 생명의 탄생과 첫 출발을 준비하는 곳이다. 둥지의 생활에는 거짓이 있을 수 없다. 사실만이 있을 뿐이다. 정직함과 진실이 있다. 포근하고 아늑하다.

둥지는 어머니를 상징한다. 새 생명을 낳고 기르는 곳이기 때문이다. 그래서인지 설문대할망 역시 여성이다. 오름왕국 중심에 서 있는 한라산 역시 어머니 산이라 부른다. 한라산은 남한의 최고봉이며 도민의 상징적인 산이다. 마치 황금률처럼 오름왕국의 중심축이며 균형을 잡아주고 있다. 이런 중심축이 있기에 해안가까지 경사가 이뤄지고 부드러운 능선이 있다.

한라산을 필두로 퍼져 있는 들판에는 오름들이 분포해 있다. 마치 프랙털 특성과 비슷하다. 프랙털은 규칙적인 기하 구성 성분으로는 설명할 수 없는 자연의 불규칙한 형태나 사물을 묘사하는 개념이다. 다시 말해 임의 한 부분이 같은 모양으로 계속 되풀이되면서 전체 구조와 닮은 도형을 갖는 것을 말한다. 자기유사체(자기닮음)다. 368개 오름들 역시 전체구조인 한라산과 비슷한 둥근 모양과 능선과 굼부리 형태를 갖고 있다. 그러면서도 오름마다 각각의 고유한 특성을 가진 가정을 꾸미고 있다. 마치 5대에 걸쳐 이어진 거대한 씨족사회, 서로 곡선 관계망으로 이어진 공동체사회를 형성하고 있다. 끈끈한 정이 흐른다.

그러면서도 오름왕국의 특성은 남성처럼 날카롭거나 거칠지 않다. 풍파를 견뎌낸 여성처럼 어떤 환경에도 끈질 긴 생명력을 보여준다. 그래서인지 여유롭고 부드럽고 희생적이다. 포근하고 온화하다. 계곡은 메마르지만 땅 속은 샘물처럼 마르지 않는 지하수 젖줄을 갖고 있다. 오름 능선과 등성이, 구릉지에는 나무와 들꽃 등 사시사철 식물과 동물을 길러낸다. 사람들 또한 오름을 병풍삼아 마을을 이룬다. 모진 바람에도 넘어질 듯 넘어지지 않는 채 들녘마다 수놓고 있는 억새의 모습에서 끈기를 느끼게 한다. 오히려 은은한 향기로 다가온다.

이처럼 오름왕국이 진실곡선과 마주할 때 우리는 생각이 올바르고 정직해진다. 정신이 건강해진다. 당당하고 떳떳해진다. 마음이 홀가분하고 자유롭다. 걱정과 근심거리가 사라진다. 반면 마음이 불안하다는 것은 직선환경에 심하게 노출돼 거짓된 마음을 갖고 있음을 의미한다. 남을 속이고 있음이다. 그럴 때는 당당한 마음이 서지 않는다. 무엇에 얽매인 듯 움츠려들거나 부자연스러워 보인다.

본래 사람은 악하게 태어나지 않았다. 때 묻지 않은 참자아 상태에서 태어났다. 그런데 치열한 경쟁사회와 부딪히며 살아가다보면 거짓마음이 쌓인다. 살아남기 위해 남을 속이고 이용해야 할 때가 많다. 불의나 부정과 손을 잡는다. 진실은 사라지고 양심은 병들어간다. 이처럼 거짓된 직선사회가 팽배할 때 구성원들의 스트레스는 더욱 높아진다. 몸과 마음이 지쳐간다. 병든 직선사회는 몸과 정신을 황폐화시킨다.

이런 마음을 치유해주는 곳이 오름왕국이다. 태고의 진실이 그대로 간직한 오름왕국은 탄생의 출발지다. 삶의 보금자리다. 사후세계의 정착지다. 부드러운 곡선환경의 도시다. 정직과 진실의 장소다. 육체적으로나 정신적으로 건강을 지켜주는 진실곡선의 고향이며 치유에너지가 도도히 흐르고 있다. 이를 시로 엮은 이야기로 그려본다.

'시로 엮은 제주 오름왕국 이야기-곡선이 치유한다'는 크게 네 개의 장으로 구성돼 있다. 제1장은 오름왕국 이야기다. 오름왕국의 탄생에서부터 계보·생김새·곡선·공동체에 이르기까지 오름왕국의 특징을 하나하나 담아냈다. 제2장은 오름왕국을 구성하고 있는 오름마다의 특징을 시적 이야기로 그렸다. 물론 모든 오름을 다 엮어내지 못한 부분은 아쉬움으로 남는다. 제3장은 오름에서 나고 자라는 나무와 꽃 등 생명들의 이야기를 미미하나마 담고자 했다. 마지막 장에는 오름왕국이 베푸는 은혜에 대한 고마움의 표시로 새해맞이 울림 이야기를 담았다. 이처럼 이번에 출간하는 책은 오름왕국 탄생 이야기에서부터 오름왕국을 구성하고 있는 오름가정의 이야기, 오름에서 나고 자라는 식물 등 구성원 이야기, 오름왕국이 베푸는 은혜에 대한 감사 이야기까지 하나의 흐름으로 구성했다. 그리고 에필로그로 직선환경과 곡선환경의 의미를 보충했다.

한편 이 책이 출간되기까지 많은 격려와 도움을 주신 분들에 대한 고마움을 전합니다. 우선 좋은 글이 되도록 꼼꼼하게 확인하면서 다듬어주신 김길웅 시인 · 문학평론가님에게 깊은 감사를 드립니다. 아울러 글의 사실성을 뒷받침할 수 있도록 현장의 사진을 빠뜨림 없이 제공해주신 김선무 前 한전여주지사장님에게도 고마움을 전합니다. 또한 어려운 가운데에서도 저를 믿고 묵묵히 내조를 해주신 사랑하는 아내 장일임과 두 아들 정민 · 정현에게도 고맙다는 말을 전합니다. 마지막으로 모자람이 많은 글과 사진들을 잘 꿰어 한 권의 책으로 엮어주신 정은출판 사장님과 디자인실장님의 노고에도 고마운 마음을 전합니다. 모두 감사합니다.

2019년 3월
한영조

목차

제2장_ 오름마다 이야기

1. 해안저지대

제3장_ 생명마다 이야기

제4장_ 새해맞이 이야기

| 제1장 |

오름왕국 이야기

오름왕국을 열며

●●●제주는 368개[1]의 오름을 거느린 '오름왕국'이다. 한라산 백록담 정점에서부터 바닷가까지 이어진 능선 따라 크고 작은 오름들이 제주 전역에 걸쳐 분포해 있다. 오름과 오름들 사이로는 계곡이 있고 숲길이 있고 구릉지가 있고 나무가 있다. 마치 하나의 관계망처럼 능선으로 연결된 대가족이다.

물론 오름왕국은 화산 활동에 의해 만들어졌음은 누구도 부인할 수 없는 사실이다. 그럼에도 설화로 이야기할 땐 오름왕국 창조인물 설문대할망을 빼놓을 수 없다. 설문대할망은 흙을 지어 날라 한라산을 만들고 나르면서 떨어진 흙들이 오름이 되고 구릉지가 됐다는 설화가 전해지고 있다.

이렇게 해서 건설된 오름왕국은 타원형을 이루고 있다. 그 평면도를 보면 동쪽에서부터 서쪽으로 낮아지면서 비스듬하게 놓여 있다. 마치 달걀과 같은 모양이다. 달걀은 생명이며 탄생이며 둥지를 상징한다.

---

1) 제주특별자치도 자료

오름왕국 중심에는 한라산 어머니가 있다. 일반적으로 한라산을 어머니의 산이라고 부른다. 한라산이 어머니라면 오름들은 그 자식이 된다. 그리고 오름보다 나중에 태어난 알오름은 어머니의 손자가 된다. 오름들은 나름대로 가정을 일구며 오순도순 살고 있다. 도시를 이뤄 집단적으로 모여 살기도 하고 홀로 독립해 살기도 한다. 또는 알오름과 함께 살기도 한다.

오름에는 마그마가 솟구쳤던 분화구가 있다. 이를 다른 말로는 굼부리라고 한다. 액체 용암이 흘러내리는 방향에 따라 굼부리 모양도 다양하다. 원추형·원형·복합형·말굽형 등이다. 이 중에 원추형 오름은 숫메라고 한다. 남자(선비)를 상징한다. 나머지 오름은 암메라고 한다. 여자(부인)를 상징한다. 각 가정의 세대주다. 그리고 가정마다 정원을 가꾸고 있다. 고도 권역별로 가꾸는 식물이 다양하다. 해안저지대, 중산간지대, 저고산지대, 고산지대별로 특징을 이루고 있다.

그곳에는 사람들도 살고 있다. 해안가나 구릉지 등에 터를 잡고 있다. 오름에 기대어 오름에서 나고 오름에서 자라고 오름으로 돌아가고 있다. 관광객들도 오름왕국이 제공하는 아름다움을 보기 위해 찾아 온다. 치유를 받기 위해 찾기도 한다. 이처럼 오름왕국은 거대한 공동체를 이루며 모두를 끌어들이는 에너지를 품고 있다. 세계에서 유일한 치유의 에너지가 흐르고 있다.

여기, 그 이야기를 연다.

오름왕국 탄생

제주의 탄생은 화산활동에 의한 것이라는 것은
그 누구도 부정할 수 없는 엄연한 사실이지만
그럼에도 제주는 이렇게 해서 만들어졌다는
오래전부터 입에서 입으로 전해져 내려오는
초자연적인 인물묘사 이야기-설문대할망 설화를
오늘에 이르러 새롭게 조명하며 그 찬란한 오름왕국을 연다.

백팔십만 년 전쯤부터 시작됐다고들 한다.
이유도 영문도 모른 채 컴컴하고 음습한 저 깊은 바다 속에서
지치고 힘든 고단함을 참아내며 수많은 나날을 숨죽여 지내다
어느 날 "나를 깨워 달라."는 무언의 외침이 하늘로 전해질 때
엄청난 힘을 가진 전설 속 인물 설문대할망이 하늘에서 내려와
"세상에 나가 큰일을 하라."며 새 생명을 불어넣는 순간
천지가 흔들리고 거대한 불덩이가 치솟기를 수없이
마침내 평평하고 타원형처럼 생긴 물체가 물위로 떠오른다.

그러나 너무 오랫동안 물속에 잠겨 있던 터라
어떤 생명도 살아남지 못하고 불모지 형체만 덩그러니 남아있어

"이를 그냥 놔둬서는 안 된다. 어떻게 해서라도 숨 쉬는 곳으로
되돌려놓아야 한다."는 고민에 고민을 거듭하던 끝에
전혀 생각하지 못했던 번뜩이는 영감이 그녀의 뇌리를 스친다.
"바로 이거야, 이것이야말로 영원한 존재로 남을 수 있는 보금자리
만물이 나고 자랄 수 있는 둥지, 오름왕국이 제격이로구나!"

마음을 굳게 먹은 그녀는 곧바로 도구를 챙기고 설계를 시작한다.
동서로는 길고 넓게, 남북으로는 짧고 가파르게 기초를 다지고

영실 병풍바위에서 내려다본 운해

백록담에서 해안까지 곳곳에는 들판 · 계곡 골고루 채워놓고
부드러운 곡선으로 아름다운 오름과 능선 더한 후
균형 맞춘 중심에는 불멸의 기둥 한라산 백록담을 점정하니
세계에서 찾아볼 수 없는 웅대한 왕국 그 설계도면이 그려지다.

이제부터는 필요한 자재를 준비하고 흙을 옮겨 놓고
도면에 따라 구조물을 하나씩 쌓아 올리는 일
"이 어마어마한 공사를 어떻게 하면 제때에 완성할 수 있을까."
그녀는 또 다시 걱정 속에서 밤낮을 뜬 눈으로 지새운다.
그때 "아! 이걸 몰랐구나. 등잔 밑이 어둡긴 어둡네." 중얼거린다.
아무리 무거운 물건이라도 쉽게 들어 옮길 수 있을 정도로
대단한 힘을 지니고 있는 사실을 잠시 잊고 있었기 때문이다.

그녀는 머뭇거릴 시간 없이 서둘러 허리 동여매고 집짓기에 나선다.
흙을 일곱 번 치마에 담아 날라 한라산을 만들고, 나르면서
여기저기 흘린 크고 작은 흙덩어리 368개가 고스란히 오름이 되니
그렇게 바라고 바라던 오름왕국, 그 위용이 세상에 드러나다.

수십만 년이 흐른 지금에 이르러 오름왕국을 재조명하면
그녀의 깊은 뜻은
생명의 고귀함과 영속성을 말하고 있음이 아니던가.
제주지형은 달걀 모양처럼 둥그렇고 미끈한 입체미를 갖추고
물은 쉽게 비웠다 다시 채울 수 있도록 바다와 잇는 경사를 이루며
방사형처럼 둘러싼 자식과 손자 오름들은 손에 손을 마주잡고
어머니의 산 한라산을 중심으로 대가족인 오름왕국을 이루니
그 자락에서 나고 자란 만물은 거칠거나 날카로움 없이
유연한 능선과 곡선을 타고 어머니 품 같은 포근함을 엮어내다.

그렇게 살아가는 이곳에서도 여느 지역과 마찬가지로
수많은 생명들과 별반 차이 없이 함께 어울리고 부딪히며
슬픔과 기쁨, 성냄과 다툼의 이야깃거리가 만들어지고 쌓이고
그럼에도 남다른 무엇 하나 있다면 그것은 다름 아닌
작은 생명 하나라도 가벼이 하지 않고 가족처럼 소중하게 보듬는
순하고 착한 마음씨가 그 밑바닥에 서려 영원히 샘솟고 있음이니라.

그래서 오름왕국은 탄생의 출발지이며 성장의 보금자리,

치유의 고향, 사후 세계의 정착지로 이어지는 공동체의 산실임을

오름을 자주 만나 마음을 열고 친하게 지내면서

알게 된 깨달음이다.

선작지왓의 산철쭉과 부악

설문대할망

설문대할망[2] 이야기는 문헌마다 조금씩 다르지만
전체적으로는 거의 비슷해 그 줄거리를 따라가면

그녀는 오름왕국을 창조한 설화 속 인물이다.
옥황상제 세 번째 딸로 힘이 세고 착한 효녀다.
하늘과 땅이 하나로 맞닿아 있던 그 당시에
그녀는 천상보다 인간세계에 대한 호기심이 더 많았다.

설문대할망전시관 기본설계 조감도(돌문화공원 홈페이지에서 발췌)

어느 날 그토록 말렸던 부왕의 명령을 어기고
한 손으로는 하늘을 떠받치고 다른 한 손으로는 땅을 짓눌러
하나의 세상을 하늘과 땅 두 개의 세계로 갈라놓는다.
이에 진노한 왕은 어쩔 수 없이 딸을 인간세상으로 내쫓는다.
그녀는 제주 땅으로 내려와 모든 걸 새롭게 창조한다.
입고 있는 치마에 흙을 일곱 번 담고 날라 한라산을 만들고
나르면서 여기저기 흘린 흙덩어리가 368개 오름이다.
지나가다 주먹으로 툭 친 오름에는 굼부리가 생긴다.

그녀가 잠잘 때는 백록담 움푹 팬 곳을 베개 삼아 머리를 대고
쭉 뻗은 다리는 북쪽 관탈섬과 남쪽 문섬 또는 범섬에 이른다.
머리에 쓰던 모자는 오라동 하천에 있는 고지렛도 바위이며
불 피우던 등잔 받침대는 일출봉 기슭에 있는 등경돌이다.
솥을 걸었던 돌들은 곳곳에 띄엄띄엄 솟아 있는 바위들이다.
빨래할 때 사용했던 발판은 우도와 일출봉, 가파도와 마라도,
빨래판은 남쪽의 지귀도와 북쪽의 관탈섬이다.

애초 속곳이 없어 한 벌만이라도 갖기를 원했던 그녀는

옷을 만들어 주면 육지와 잇는 다리를 놓아주겠다고 약속했지만
명주를 다 모아도 100통 가운데 1통이 모자란 99통밖에 없어
결국 모든 일이 수포로 돌아가게 된다.

그렇게 지내던 그녀는 심심했는지 큰 키를 자랑하기 위해
깊은 못이라는 곳은 다 찾아다니며 키재기를 한다.
어느 날 밑이 뚫려 있는 것을 모른 채
한라산 중턱 물장오리오름에 들어갔다
빠져 나오지 못해 생을 마감한다.

이처럼 제주 창조설화의 주인공은 남성이 아닌 힘 센 여성이며
가정살림까지 도맡아 하는 억척스러운 제주여성의 표상이다.

---

2) 설문대할망은 선문대할망, 세명뒤할망 등 다양하게 불린다. 제주에서는 해마다 5월 15일에 설문대할망제를 지내고 있다. 한편 설문대할망과 비슷하게 힘센 여신으로 마고할미가 있다. 이 역시 신화속에서 창조여신으로 하늘과 땅을 열고 우리나라 산과 들과 강을 만들었다고 전해진다. 그런데 중국의 전설에도 손톱이 길고 힘센 신녀 마고麻姑가 있다. 마고 신녀의 이름을 딴 사자싱어도 마고파양麻姑爬痒 또는 마고소양麻姑搔痒이 있다. 마고파양은 손톱이 긴 선녀가 가려운데를 긁어준다는 뜻으로 일이 뜻대로 됨을 비유해 이르기도 한다.

오름왕국 계보

오름왕국의 계보를 따라가다 보면

이 땅을 창조한 인물은 설화에 나오는 설문대할망이구요,

그 후손들까지 합치면 4대에 걸쳐 이어진 한 가족

세계에서도 찾아볼 수 없는 독특한 씨족사회를 이루고 있습니다.

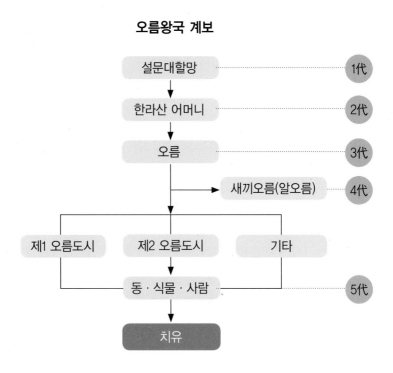

오름왕국 계보

오름왕국 한가운데 우뚝 솟아 자리 잡은
한라산이 바로 어머니이지요.
전역에 흩어진 분신이 어떻게 살고 있는지
하루도 빠짐없이 굽어보며 보살피고 있지요.

그렇다면 어머니를 낳은 분은 누구일까요?
그분은 누구도 범접할 수 없는 영역
하늘에서 인간세계로 내려온 설문대할망입니다.
한라산을 낳고 살다가 어느 날 키재기를 하다
물장오리오름 큰 못에 빠져 생을 마감하지요.

부모와 자식 간에는 모습이나 행동이
서로 닮은 데가 많아 분신이라고들 하듯이
한라산을 만들 때 곳곳에 흘려 생긴 오름들 또한
어머니와 비슷한 모양새를 갖고 있어 자식이라 할 수 있죠.

이떤 오름은 고통을 이겨내며 알오름을 낳았는데
그 알오름이 새끼오름이며 어머니의 손자가 되는 거예요.

그런데 새끼오름은 그 수가 너무 적어 대를 잇지 못하고 말았지요.

견해에 따라 다소 이견이 있을 수 있지만
어머니가 낳은 아들 · 딸, 그리고 손자까지 모두 368명입니다.
움푹 팬 굼부리 유무에 따라 숫메와 암메로 구별하듯이
남자 102명, 여자 266명으로 여자가 164명 더 많네요.

자식들은 너른 들판 여기저기 터를 잡아 살고 있는데
이들 또한 공동체를 이루며 살아가는 사람들처럼
긴 능선과 계곡 줄기 연결망 사이로 오솔길 내고
거대한 방사선처럼 손에 손을 마주잡고
대규모 단지 또는 소규모, 아니면 외롭게 홀로 떨어져
아름다운 정원 가꾸며 알뜰살뜰 살고 있지요.

그럼에도 각자 살아가는 모습은 하나같지 않아
크게 성공하거나, 올곧거나, 가난하거나
형체 알아볼 수 없을 정도로 훼손되거나
어디에서 어떻게 사는지조차 알 수 없는 자식까지

어머니는 하루도 자식 걱정에 바람 잘 날 없지요.

그래도 한 울타리에서 서로 도우며 살고 있기에
오랫동안 쌓아놓은 인정 넘치는 따뜻함은
마음씨 고운 선비와 부인의 품성처럼
다가갈수록 다가오고 볼수록 반겨주는 것이
오름왕국이 가지고 있는 최고의 자랑거리라고 할 수 있지요.

그리고 하나를 덧붙인다면
구릉지에는 오름을 병풍삼아 사람들이 살고 있는데
오름보다 나중에 정착한 인간세상을 5대로 보는 것은 어떨지요?

오름왕국 생김새

동경 126도08분~126도58분

북위 33도06분~34도00분

동쪽 끝 우도, 서쪽 끝 차귀도

남쪽 끝 마라도, 북쪽 끝 추자도

8개 유인도, 71개 무인도[3] 품어

남해 바다 둘러싸인 타원형

마치 갸름하게 생긴 달걀형 둥지 같다.

오름왕국 전체 넓이는 1,849.18km^2

우리나라 면적의 1.86%에 이르고

상하 두께는 바다 위 해발 1,950m,

바다 밑 해저 150m로 합치면 2,100m다.

들어갔다 나왔다 꼬불꼬불 해안선 따라

전체 둘레 길이는 418.61km[4], 본섬만은 253km다.

완만한 경사 이루는 동·서 간 길이는 74km

급경사인 남·북 간 길이 33km보다 41km 더 길다.

---

3) 고기원외(2017), 『제주도 시추코어 지질검층 지침서』, 제주특별차지도개발공사
4) 우도·비양도 등 부속도서 해안선 포함

평면도를 벽면에 붙여놓고 보면
불안하게 세워져 있는 것이 아니라
해 뜨는 동쪽에서 해 지는 서쪽으로 낮아지며
가로로 비스듬하게 좁아지듯 누워 있어
둥지로서 갖춰야 할 최고의 안정감을 갖는다.

생명은 물 없이는 살아갈 수 없음을 알았는지
영원히 마르지 않는 물주머니 생명수처럼

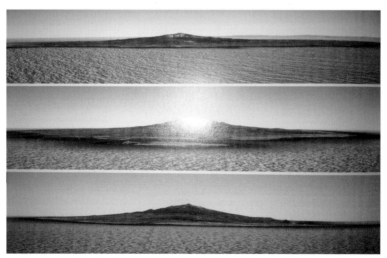

3차원 지형으로 본 동서 간 길이(상)가 남북 간(중·하) 길이보다 길다. 고기원 외(2017), 전게서 인용

오름왕국 생김새

- 오름왕국의 생김새는 프랙털 특성과 비슷하다. 프랙털이란 용어는 '파편'의 '부서 진' 이라는 뜻의 라틴어에서 유래했다. 이는 새로운 도형의 개념 체계로 폴란드 태 생 수학자 브누아 망델브로가 만든 것이다. 개념을 보면 규칙적인 기하 구성성분으 로는 설명할 수 없는 자연의 불규칙한 형태나 사물을 묘사할 수 있다. 그것은 자기 유사체(자기닮음)의 특성을 가진다. 자기유사체란 구성부분이 전체구조와 비슷한 형태로 끝없이 되풀이 되는 구조를 말한다. 한라산 중심으로 이루어진 368개 오름 들 역시 굼부리·능선 모양이 비슷하기 때문에 프랙털 특성을 갖고 있다.

이 땅에서 나고 자란 만물이 마실 수 있도록
남녘 끝 송악산 아래로 흐르는 물줄기 처럼
가파도와 마라도가 떨어지는 물방울 모양이다.

이는 알에서 태어난 새 생명의 젖줄이며
목마른 이들이 찾는 용천수와 같아
모나지 않고 자연 그대로의 아름다움과 함께
만물의 탄생과 튼튼하게 자랄 수 있는 보금자리다.

오름왕국 능선

사람마다 생각이 다를 수 있지만
오름왕국 중심 백록담을 정점으로
오름과 오름을 잇는 커다란 능선은
가로 세로 비슷한 대칭 모양을 하면서
자연스럽게 연결 짓는 중심 골격과 같다.

해안까지 이어지는 길고 긴 능선은
동쪽으로 3개, 서쪽으로 3개 뻗어 있고
남쪽으로 1개, 북쪽으로 1개 더 하고
그 사이로 모세혈관 같은 가느다란 줄기 얽혀
모든 것이 하나로 뭉쳐진 몸체와 같다.

풍수지리에서 보는 땅 밑의 흐름도
수맥과 지맥 9개가 전역으로 휘돌아
땅속이나 땅밖이나 그 골격은 비슷하다.

집단으로 모여 있는 오름 군락은
동쪽과 서쪽 1곳씩 분포해 쌍벽을 이루고

오름왕국 능선

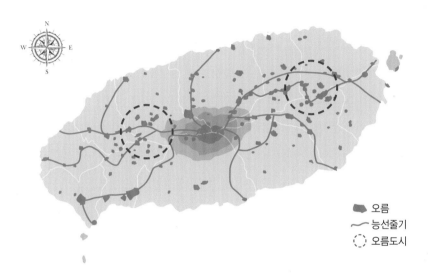

오름
능선줄기
오름도시

나머지는 소단위 군락을 이루거나
아예 혼자 떨어져 독립해 살기도 한다.

이처럼 오름 능선의 대칭 에너지는
사람 몸의 항상성과 상통하는 것이 있어
균형 유지가 곧 건강임을 전하고 있다.

오름왕국 어머니

한라산은 오름왕국의 거룩한 어머니입니다.

화려하지 않으면서 부드러운 곡선으로 조각한
제주 땅 중심에서 백록담 최정상과 이어진 능선 따라
368명의 오름 분신들을 거느리고 자락 밑으로 널따랗게 펼쳐놓은
치마폭 터전 삼아 나고 자라고 묻히는 모든 생명들의
기쁨과 슬픔을 1950미터에서 하루도 빠짐없이 묵묵히 지켜보며
정성으로 돌보는 그분이 바로 한라산 어머니입니다.

어머니가 가장 먼저 일어나 아침 햇살과 인사 나누면
곧이어 오름왕국 전역으로 비친 여명 따라 하루가 시작되고
연이어 쏟아지는 햇살 받으며 저마다의 하루를 채워가고
지는 노을 또한 어머니와의 입맞춤을 끝으로 하루를 마감합니다.

그럼에도 살아가는 일이 비단길처럼 순탄할 수만은 없듯이
하루하루를 넘고 넘어 봄 · 여름 · 가을 · 겨울로 이어지는 길목마다
불어 닥치는 태풍과 매섭게 몰아치는 강추위에도 물러섬 없이
맨몸으로 맞서 굳건하게 지키는 오름왕국의 든든한 기둥입니다.

겨우내 얼었던 동장군 물러가고 따뜻한 햇살 돌아오면
어머니는 깊은 잠에 빠졌던 산 아래 생명들부터 하나씩 깨운 후
곧이어 저 높은 만세동산 · 선작지왓까지 봄 물결 가득 채우면
이에 신이 난 털진달래 · 산철쭉 앞 다퉈 붉은 꽃피우고
어디선가 날아든 곤줄박이와 딱따구리도 한몫 거듭니다.

갈수록 왕성함 뿜어내는 햇살이 대지를 녹일 듯 달려들 때
어머니는 지난 날 피웠던 아까운 꽃들마저 과감히 도려내고

새별오름에서 본 눈덮인 한라산 부악

실록 넘치는 숲바다 축제장으로 화려하게 단장하면
마음 들 뜬 새들이 날아들어 숲 곳곳을 분주히 오가며 춤추고
더위에 지친 사람들까지 찾아와 이야깃거리로 꽃피우면
너와 나의 꿈들은 한여름 밤과 함께 알차게 여물어갑니다.

오백장군 도열한 영실기암 어머니 휴식처에서는
먼 곳에서 돌고 돌아 힘들게 찾아온 구름도 한숨 쉬어가고
비 그쳐 맑게 갠 하늘에 나타난 원형 무지개는
서로를 이어주는 마음, 즐거운 행운까지 선물합니다.

무덥던 기세 꺾이고 아침저녁으로 기온 차 크고 건조해지면
어머니는 활기 꺾인 생명들에게 언제나 그랬듯이
초연한 마음으로 자신부터 색동옷 갈아입은 후
자식들에게도 똑같이 갈아입혔다가 얼마 지나지 않아
매몰차게 입은 옷 다 벗겨 추위와 맞서게 한 후 그 속에서
어려움과 싸우며 이겨내는 끈기와 강한 정신을 심어놓습니다.

그래서인지 새까맣게 농익은 시로미열매는 겸손을 체득하고

족은노꼬메에서 본 눈덮인 한라산

안돌오름에서 본 부소오름과 한라산

억새 밑동에서 올라온 야고는 조용히 태어나 홀연히 사라지고
모진 바람에 맞서 견뎌내는 억새의 미덕은 오름을 휘감고
한번 꽃이 피면 죽어야 하는 조릿대의 스산한 울림 속으로
떠나야 할 때를 아는 듯 쉬지 않고 울어대는 풀벌레소리 넘치면
나무는 나이테로 한 해의 여정을 둥그렇게 그려 놓습니다.

어머니는 또 다시 찾아온 매서운 계절에 순응하듯
칼바람 불어 닥친 선자지왓에 붉은 꽃 대신 서리꽃 꽂고
폭설 뒤 찾아온 햇살이 설원으로 내려앉아 눈부시게 빛날 때도

늘 푸른 구상나무에게 입힌 하얀 옷마저 그대로 남겨둔 채
고립의 기나긴 겨울잠 속으로 빠져들게 합니다.

이렇듯 어머니 삶은 모진 고난을 몸소 겪으면서도
남을 속이거나 괴롭히지 않고 진실한 마음 하나만을 갖고
거칠거나 모 나는 일 없이 둥글둥글 둥그런 보름달처럼
함께 어울리는 공동체를 차곡차곡 채워놓고 있습니다.

그래서 한라산은 이 땅의 모든 생명들을 지키는 둥지이며
오름 · 숲 · 곶자왈 · 우리들까지 품어 안은 치유 장소이기에
고향 떠난 이도 다시 찾아와 그 품에 편히 안기곤 합니다.

오름왕국 굼부리

엄청난 불덩이 이글이글
삼키고 토하고 솟구치고
넘치고 흐르고 다시 뒤옆고
용광로처럼 녹아내릴 때
오름 곁을 지나던 설문대할망
주먹으로 한 번씩 툭툭 친다.
굼부리가 된다.

다랑쉬오름 원형 굼부리 모습. 고기원 외(2017),
전게서 인용

그런데 그 모양이 마치
솥뚜껑처럼
뾰쪽하게 솟아난 것도 있고
국그릇처럼
둥그렇게 파인 것도 있고
풀매처럼
한쪽으로 터지거나
여기저기로 갈라진 것도 있어
안살림 상징하는 듯하다.

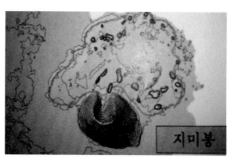

지미봉 말굽형 굼부리 입체도면.
제주 중부지역 오름 정밀조사 보고서에서 인용

숲이 좋아 오름이 좋아
마음 따라 발길 따라
이 오름 저 오름 다니면서
터진 굼부리 방향을 가만히 뜯어 본다.

우연하게 드러난 특이점
고집스럽게 지키려는 원칙 하나 눈에 띈다.

그것은 웃어른에 대한 몸가짐의 표현인가
누가 시키지 않았는 데도
저 높은 백록담 정면을 향해 똑바로
다리 벌려 앉은 오름 찾아보기 드물고
조금씩 빗겨 앉거나 돌아앉아 있는 것이 아닌가.

수 백 만 년 흐른 지금도
아래로 흐르는 강물처럼
오름은 그것을 오롯이 지키고 있더라.

오름왕국 곡선

오름왕국은 곡선의 도시다.
이 땅에서 나고 자라는 생명이라면
생물이든 무생물이든 가리지 않고
허공으로 극히 자연스럽게 말아 올린
오름왕국의 부드러움을 이어받아
보름달처럼 모나지 않고
둥글둥글 살아가도록 지켜주는 곡선

가장 먼저 눈앞에 펼쳐지는 그림은
곡선으로 그려진 장엄한 파노라마
높아졌다 낮아지고 커졌다 작아지고
끊어질듯 끊이지 않고
백록담에서 바닷가까지 아래로
이어지며 파도치듯 흐르는 능선

망망대해, 태평양 너른 바다
녹색의 보석처럼 에메랄드 빛 물결
그것마저 단조로웠는지 둥지처럼

오목하게 얹혀놓은 오름의 굼부리
굽이치는 곡선의 유연함은 수려함으로 거듭난다.

중산간 곳곳 빼곡하게 자리 잡아
고개 숙이며 춤추는 억새의 군무
너른 들판에서 풀 뜯다 마주친 나그네를
물끄러미 쳐다보는 소와 말의 둥그런 눈
허공에서 자유롭게 날갯짓하는

백약이오름과 좌보미오름

고추잠자리의 짝 찾기 요동
굽이굽이 숲길 따라 걷는 나의 걸음걸이까지 곡선이다.

그래서 나는 곡선을 좋아하고
곡선의 길을 걷고 곡선을 닮아간다.

큰지그리오름에서 바라본 오름능선들

오름왕국 에너지

오래전부터 우주 공간에는 끊임없이 흐르는
에너지가 있다는 것은 이미 알려진 사실입니다.

그 에너지는 사람 · 오름 · 나무 가릴 것 없이
세상에 존재하는 모든 것에 영향을 미치고 있습니다.

또한 이를 받은 개체들은 유전적 기질에 맞게
나름대로 고유한 생체에너지를 생산하고 있습니다.

생체에너지는 보이지 않는 공간에 있으면서
서로에게 이로움 또는 해로움을 주고받고 있습니다.

사람이나 오름이나 본질적 에너지는 비슷하지만
수많은 시간 흐르면서 쌓인 생체에너지는 각기 다릅니다.

편리성을 좇는 사람은 직선에너지에 노출돼 있고
부드러움 좇는 오름은 곡선에너지를 품고 있습니다.

직선에너지는 사람에 의해 만든 사물에서 나오지만
곡선에너지는 자연 자체에서 발산하는 기본에너지입니다.

곡선은 솟아남과 흘러내림, 높이와 깊이, 안과 밖
그 속에서 자유롭게 자라는 생명들을 만드는 본체입니다.

그런데 사람은 많은 시간 직선에너지에 노출되면서
부드러운 곡선에너지로부터 멀어지고 항상성을 잃고 있습니다.

이의 회복을 위해서는 여유로움이 풍부한 치유도시
오름왕국을 찾아 곡선에너지를 마음껏 보충해야 합니다.

오름왕국 공동체

한라산 백록담에 정점을 찍었다는 것은
다른 오름과 벗어날 수 없는 연결고리의 시발점이며
영원히 함께 가야 할 공동운명체임을 말함이다.

곳곳에 흩어진 오름에 점을 찍었다는 것은
거미집처럼 서로 서로 연결고리 얽혀
너와 나 외롭지 않게 소통하는 연결망임을 말함이다.

해안까지 이어진 심오한 오름 능선이 있다는 것은
바람이 몰아쳐도 맞서지 않고 유연하게 받아들이며
편안하게 살 수 있도록 하는 기둥임을 말함이다.

오름과 오름 사이 남겨둔 공간이 있다는 것은
누구라도 찾아와 자유롭게 뛰어 놀며
다 같이 어울려 살 수 있는 치유 장소임을 말함이다.

시발점과 집합점이 모아지고 나눠진다는 것은
세포분열처럼 치열하게 살아온 궤적이며

단단한 돌덩어리처럼 떨어질 수 없는 하나임을 말함이다.

만세동산에서 본 서부지역 오름도시

오름왕국 심정

영원할 것만 같았던 오름왕국에도 직선도시의 발이 뻗친다.
언제부터인가 직선으로 만들어진 네모 난 상자들이 찾아와
다짜고짜 자리를 내놓으라며 야금야금 파고들더니
의견 한마디 제대로 물어보지 않고 막무가내로 파먹는다.

자기 것처럼 나무를 베고 돌덩이를 부수고
땅을 갈아엎고 그 자리에 시멘트를 바르고
건물을 짓고 화려한 불빛을 장식하고
고속도로처럼 질주하는 끝없는 욕심은 그칠 줄 모른다.

이에 곡선은 그럴 수 없다며 울부짖기도 하고
강력하게 저항도 해보지만 모두 다 소용없는 일
그들이 나가는 질주 본능은 앞으로 언제까지
얼마나 더 밀어붙일지 알 수 없는 상황으로 빠져든다.

보다 못한 오름왕국이 마지막 심정으로 하소연한다.
네모 난 상자에 갇혀 수레바퀴처럼 빙빙 도는
삶을 살 것인지 꼬불꼬불 곡선 따라 어깨동무하며

조화로운 삶을 살 것인지 어떤 것이 올바른 선택인지
다시 한 번 심사숙고하기를 고대한다.
그럼에도 그들에게는 그 말이 스쳐가는 바람처럼
귀담아듣지 않는다.

참으로 안타까운 일이 아닐 수 없다.
곡선 생명들이 사라지는 그 자리를 네모상자들로
채워지는 것은 수많은 세월 면면히 이어 오면서
이 땅을 지켜온 정신적 지주 곡선환경을
죽음으로 내모는 위험한 일이기에
나만이라도 '부드러운 것이 강한 것을 이긴다.'는
이치를 되새기며 끝까지 곡선과 함께 살겠노라고
이 세상을 향해 목 놓아 외쳐본다.

오름과 나

탐욕을 버리지 못해
이것저것 챙기려고만 할 때
무작정 찾아가 부탁해도
미워하거나 짜증내지 않고
있는 그대로 포근하게 감싸주는 그대

어제는 생각지도 못한 일로
친구와 심하게 다퉜는데
속상한 마음 달래길 없어
무작정 찾아가 귀찮게 해도
싫어하는 내색 없이 끝까지 들어주는 그대

누구나 돈을 벌어야 하는 삶
이리 뛰고 저리 뛰고
조급함으로 갈피를 못 잡을 때도
무조건 찾아가 하소연해도
어서 오라며 반갑게 맞아주는 그대

온갖 번민에 휩싸여
일은 손에 잡히지 않고
복잡한 무게로 머리 짓누를 때도
무작정 찾아가 호소해도
순리대로 풀어가라며 조언을 아끼지 않는 그대

좋은 사람 먼저 보내고
함께 했던 시간 잊을 수 없어
슬픔은 하루 이틀 이어질 때도
무작정 찾아가 괴로움 털어놓아도
따뜻하게 받아 안아 어루만져주는 그대

살아가는 일이 어찌 힘들지 않고
갈 수 있겠냐마는, 그래도
무겁고 지친 짐 잠시 내려놓고
그대를 만나러 가는 길은
그렇게 반가울 수가 없어요.

제 2 장

오름마다 이야기

오름가정을 찾아

●●●오름왕국의 전체 면적은 1,849.18km^2에 이른다. 해안에서 백록담까지 해발고도는 1,950m다. 이곳에는 368개의 오름이 분포해 있다. 고도별로 다양한 치유인자들이 있다. 이를 4개 고도권역별로는 해안저지대, 중산간지대, 저고산지대, 고산지대로 나눌 수 있다.

해안저지대는 해발고도 100m이하에 있는 지역이다. 바다와 접해 있는 해안선이 있다. 무인도와 유인도가 있다. 수많은 세월 동안 해식에 깎이면서 드러난 해안절벽이 있다. 바닷바람을 맞으며 모질게 자란 해안식물이 있다. 바다를 생활터전으로 삼아 살아가는 어촌과 밭농사를 하는 농촌이 함께 어우러져 있다. 바다와 육지가 경계선을 이루고 있는 이곳은 때로는 매우 거칠게 다가오기도 하고 때로는 한없이 고요하기도 한다.

중산간지대는 해발고도 101~500m에 이르는 지역이다. 이곳은 너른 들판을 따라 탁 트인 공간이 특징적이다. 목장지대를 비롯해 돌담으로 경계를 두른 밭들이 이채롭다. 불쑥불쑥 솟아난 오름들이 밋밋한 들판을 부드럽게 감싸주고 있다. 오름과 오름을 연결하는 능선의 유연함이 넘친다. 양지바른 오름 등성에는 무덤이 조성돼 있다. 구릉지 곳곳에는 마을이 형성돼 있다. 마을길, 목장길, 오름길이 뚫려 있다. 억새 군락지를 이룬다. 야고, 복수초, 산자고 등 들꽃들이 계절에 맞춰 아름다움을 뽐낸다. 해발고도 400m 이상에는 울창한 천연림지대를 이룬다. 삼나무·편백나무 군락지가 있다. 곶자왈지대를 이루기도 한다. 최적의 날씨 조건을 갖추고 있는 곳이기도 하다. 부드러움과 넉넉함이 넘치는 곳이다.

저고산지대는 해발고도 501~1,000m에 이르는 지역이다. 이곳은 울창한 천연림지대다. 한라산 중턱 경사진 등성이에는 여유 공간 하나 없이 천연림으로 가득 차 있다. 나뭇잎으로 햇빛이 차단돼 숲속은 대낮에도 어슴푸레하다. 숲 바닥의 상당 지역은 조릿대들이 점령해 있다. 숲길은 낙엽이 쌓여 푹신푹신한 부엽토길이나 돌길이 많다. 하천이 가로놓여 있다. 숲속 오름 정상에서 바라보는 한라산의 전경이 일품이다. 산림을 기반으로 생활했던 숯가마 터, 사농바치 터, 잣성 등이 남아 있다. 임산물이나 표고버섯 등을 실어 나를 수 있도록 조성된 하치마키(병참로)가 뚫려 있다. 울창하게 자란 생명력과 포근함이 있는 곳이다.

고산지대는 해발고도 1,001m 이상의 고산지대다. 한라산 백록담으로 이어지는 가파른 오르막길이다. 해발 1,500m까지는 빽빽하게 들어찬 교목 중심의 천연림지대를 이루다 고도가 높아질수록 점차

작달막한 고산지대 숲으로 바뀐다. 한라산 고원의 넓은 평지나 등성이에는 구상나무, 시로미, 털진달래, 산철쭉 등이 분포하고 있다. 이곳 오름에서 해안으로 바라보는 하향 능선 전경은 광활하게 펼쳐지는 파노라마를 연출한다. 또한 상향 능선으로는 최상의 자리인 백록담을 떠받치고 있는 부악이 꿋꿋하게 서 있다. 부악의 웅장함과 함께 저 멀리 해안까지 아우르는 포용력이 있다.

이렇듯 고도권역별로 오름가정을 찾아 가정마다의 희노애락 이야기를 하나씩 엮어 본다.

1. 해안저지대

사라봉

사라봉은 압니다.
그렇게 찬란하던 태양도
마지막 빛을 불사르며
서녘 너머로
저물어간다는 것을

사라봉은 압니다.
그렇게 발 묶였던 여객선도
긴 고동소리 울리며
수평선 저쪽으로
사라져간다는 것을

사라봉은 압니다.
그렇게 사랑하던 그 님도
한마디 말없이
홀연히 떠나가면
가슴이 미어진다는 것을

사라봉 너머로 해가 지는 모습

별도봉에서 바라 본 사라봉

사라봉은 압니다.
그렇게 얽히고설켜
한 세상 살다가
또 다른 세계로
영원히 떠난다는 것을

사라봉은 압니다.
그렇게 떠난 빈자리도
동녘 저편에서
서서히 동살 걷히며
새 빛으로 채워진다는 것을

● 제주시 건입동에는 사라봉이 있다. 한라산 성판악코스에 있는 사라오름 명칭과 한자 쓰임까지 똑같다. 제주시 중심지에 있어 제주시민과 애환을 함께 해 온 오름이다. 영주10 경의 하나인 사봉낙조의 명소로도 유명하다 한라산 성판악코스에 있는 사라오름을 치유 탐방한 후 이곳에 와서 저녁 일몰에 취해보면 어떨까? 가고 오는 하루해의 삶을 꿰뚫어 보고 있는 사라봉을 만나 저녁노을과 함께 마음의 치유를 하는 것도 의미있다.

수월봉

여보게나,
너무 한탄하지 말게
바람 많은
최서단 해안에서
1만7천 년 전쯤 태어나
한 곳에 뿌리 박혀
단 한 번도 움직이지 못한
나도 있다네.

여보게나,
너무 아파하지 말게
숱한 세월
쉴 새 없는 파도에
성한 곳 없이
핥기고 뜯겨
온몸 만신창이 된
나도 있다네.

여보게나,
너무 아쉬워 말게
저물어 가면
붉은 노을 찾아와
심난한 마음
흔들어 놓아도
그냥 지켜만 봐야 하는
나도 있다네.

여보게나,
너무 욕심내지 말게
떠날 때는
숟가락 하나라도
내 것이 될 수 없음에
남은 몸뚱이마저
순리에 맡겨놓은
나도 있다네.

바다를 배경으로 한 수월봉

해풍에 깎인 해안절벽

여보게나,

너무 고달파하지 말게

나의 길도

바람 부는 길목이라

이 바람 저 바람

다 맞으며

힘겹게 버텨낸

인고의 삶이네.

● 수월봉은 제주시 한경면 노을해안로에 있는 나지막한 원추형 오름이다. 제주도 가장
서쪽 해안에 위치해 있다. 오름 대부분이 해식작용에 의해 쓸려 사라졌다. 해안가 절벽은
시루떡처럼 겹겹이 화산쇄설층을 이루고 있다. 파도에 몸뚱이가 잘려나가는 아픔을 달래
기라도 하듯이 맑은 날이면 저녁 해넘이가 붉은 노을로 위로한다. 또한 고산기상대가 세
워질 정도로 계절풍이 지나가는 곳이기도 하다.

지미봉 1

동녘 땅 끝에 서 있다.
더 이상 나갈 수 없는
막다른 길목이다.
모든 걸 내려놓고 싶다.

누구나 살면서 한번쯤은
어떤 이유에서라도
마지막이라는 순간과
맞닿아 봤으리라.

그분도 병마와 싸울 땐
물 마시기조차 힘들만큼
지독했던 고통 있었지만
마침내 새 삶 찾은 것처럼

땅 끝 지미봉은 말한다.
끝은 절망이 아니라
하루하루 새롭게

새벽을 여는 여명처럼

또 다른 시작이라고….

망망대해 우도(왼쪽)와 일출봉(오른쪽) 사이로 열려 있는 태양의 길

지미봉 2

구름 한 점 없는
이른 새벽
동녘 끝 종달리
지미봉 정상에서
망망대해를 바라보면
나도 모르게
마음이 설렌다.

종달리 마을과 지미봉

태평양 물결
멀지 않은 곳에
창과 방패 같은
거대한 주춧돌
양편에 솟아 있어

하나는
달려들 기세처럼
긴 꼬리 늘어뜨려
엎드려 있고

또 하나는
어느 누구도
무너뜨릴 수 없는
견고한 성곽처럼 쌓아
팽팽한 긴장감

그 사이로
어둠을 밀어내며
이글거리는
태양이 들어온다.

저 눈부신 태양
이 땅의 생명
만물에게 공급할
에너지 원천
수평선 너머에서
가져올 수 있도록
열어놓은 길로

한 발 한 발 다가온다.

그 길은
그 옛날
오름왕국 건설 때
만들어진
해문이요, 해로이다.

그 길 있음에
오늘도
햇살 한바구니 가득
안고 들어 와
이 땅에 골고루
풀어 놓으면

다 함께
기릴 만큼만 갖고
새 잎 새 꽃에

요긴하게 쓰고
나도 쓸 만큼 쓰고

앞으로도
영원히
환호작약하며
쓸 수 있음에
더없이 기쁘지 아니한가.

지미봉 기슭 둘레길

●제주시 구좌읍 종달리에 있는 지미地尾봉은 땅 끝에 있는 오름이라고 한다. 과거 제주도 읍면지역을 한 바퀴 순회할 때에는 인접해 있는 성산읍 시흥리에서 출발해 구좌읍 종달리에서 끝을 맺기도 했다. 그래서 시흥리는 시작점의 의미를 갖는 반면 종달리는 마지막의 의미를 갖게 된다. 끝자락 오름은 삶의 끝을 상징하기도 한다. 또는 새로운 시작을 기다리고 있다. 그래서 끝의 오름 정상에서 떠오르는 태양을 보는 것은 최고의 선물이 아닐 수 없다. 태양이 들어오는 바다 양편에는 성산 일출봉과 우도가 창과 방패 같은 모습으로 해문을 지키고 있어 참으로 신기하다.
*해문 : 태양이 들어오는 문. 해로 : 태양이 들어오는 길

송악산

하필이면 남녘 벼랑 끝에
터를 잡은 송악산
그것도 운명인지라
자리 한번 떠나지 않고
붙박이 삶을 살고 있지요.

탁 트인 정면에는
망망대해, 태평양 너른 바다
푸른 물결 일렁이며
육지와 맞닿은 곳
하염없이 철썩이고 있지요.

송악산과 맞닿은 푸른 바다와 절벽

저 멀고 먼 곳 어디선가
홀연히 나타나는 앞바람
때로는 부드럽게
때로는 매섭게
쏜살같이 다가왔다
순식간에 떠나곤 하지요.

그런 모습 못내 아쉬워
높은 절벽 세우고
울창한 해송 키워
그 마음 붙잡으려하지만
떠나는 발길
끝내 멈추지 않더군요.

어쩌면 그것조차도
부질없는 욕심임을
모를 리 없지만
그럼에도 쌓이는 그리움
어찌 그리 쉽게
뿌리칠 수 있나요.

차라리 언덕배기에
그 마음 달랠 수 있는
풍경風磬 하나 매달아
당신이 오는 소리

미동 하나라도

고이고이 간직하고 싶구려.

● 서귀포시 대정읍 상모리에 있는 송악산은 제주도 남쪽 끝에 있는 오름이다. 제주도 지도를 보면 마치 물방울이 불어나면서 떨어지기 일보 직전의 모양과 비슷하다. 바로 떨어지는 물방울은 가파도와 마라도로 이어지는 느낌이다. 그리고 송악산에 서면 주변 경관이 아름답다. 가파도와 마라도는 물론 이웃한 형제섬, 산방산, 월라봉 너머 멀리 보이는 한라산까지 눈에 들어온다. 정면에는 끝없이 펼쳐진 태평양 푸른 물결이 하루도 쉬지 않고 송악산 발끝을 씻어낸다. 그곳으로부터 불어오는 바람은 송악산의 마음을 애처롭게 한다. 다가오면 어느새 떠나가 버리고 붙잡으려 해도 붙잡을 수 없기 때문이다. 또한 송악산에는 일제 동굴이 여러 개 있어 지난날의 아픈 역사를 간직하고 있는 곳이기도 하다.

비양봉

천 년 전
하늘로 오른다.
크나 큰 불덩이
닷새나 굉음 내며
고요한 바다를 뚫고
물위로 솟구친다.

한림항에서 바라본 비양봉

비양봉이 탄생한다.

그 힘 얼마나 셌는지
불기둥 뿜은 곳은
오름이 되고
웅덩이가 되고
붉은 흙이 되고
비양나무 서식지가 되고
영원히 꺼지지 않는
등대가 되고

비양봉 위에 세워진 등대

돌덩이는 타고 타다
검은색 반半 붉은색 반半
기이한 생김새
돌 틈새로 물길까지 연다.

오고 가는 나그네
봉우리 정기 받고
따뜻한 마음 받고
싱싱한 맛 받고
넘치는 원기 받아
천년의 젊음
얼굴로 가슴으로 꽃 핀다.

● 비양봉은 비양도에 있는 오름이다. 비양의 한자는 '飛揚'으로 '하늘로 오른다.'는 뜻이다. 비양도의 탄생 시기는 천 년밖에 되지 않는다. 1002년(고려 목종 5년) 화산활동에 의해 생겼다는 기록이 남아있다. 그래서 제주화산활동에 있어 가장 늦게 형성된 곳으로 보고 있다. 제주 기생하산 가운데 최연소의 연륜을 가진 오름이다. 그래서인지 헤안기에는 기이한 모양을 하고 있는 용암괴석들이 여기저기 산재해 있다. 비양봉은 천년의 젊음을 간직한 오름으로 그 정기가 넘치고 있다.

알오름

오름 안에
오름이 산다.

암메 숫메
둘이 산다.

외로움 깊어
함께 산다.

시흥리에서 바라본 두산봉

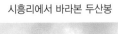

수월봉 쪽에서 바라 본 당산봉

서로 좋아
품어 산다.

뗄 수 없어
영원히 산다.

두산봉에도
당산봉에도
오름이 산다.

●오름들 가운데 일부 오름들은 오름 안에 또 하나의 작은 오름을 품고 있는 경우가 있다. 이들 오름은 알오름 또는 새끼오름이라고 한다. 알오름은 시차를 두고 또 다시 화산활동을 거치면서 생긴 오름이다. 어미오름은 굼부리가 있는 반면 새끼오름은 굼부리가 없는 원추형인 경우가 대부분이다. 또한 알오름이라고 해서 모두 어미오름 내에 있는 것은 아니다. 어미오름에서 떨어져 있는 경우두 있다. 예를 들어 좌부미알오름은 어미오름 밖에 있으면서 원형 굼부리를 가지고 있다. 반면 구좌읍 종달리에 속해 있는 두산봉알오름과 한경면 용수리에 있는 당산봉알오름은 모두 원추형 굼부리를 하고 있다.

2. 중산간지대

백약이오름

백약은 알고 있었습니다.
작은 들풀 하나에도
아프고 슬프고 외롭고
남모르는 사연이 있다는 것을

백약은 또 알고 있었습니다.
보잘것없는 생명이라도
유일하며 소중함이 있기에
살아 갈 희망이 있다는 것을

나무계단으로 잘 정돈된 들머리

백약은 마음을 다잡았습니다.
누구나 찾고 오르기 쉽고
탁 트인 양지바른 공간에
선약지仙藥地가 필요하다는 것을

백약은 그 꿈을 그렸습니다.
편히 쉴 수 있는 운동장에
곱디고운 양탄자 펼치고

큼지막한 가마솥 걸어
백 가지 약을 달였습니다.

너도 나도 그 곳을 찾아
선약仙藥 효험 온몸 느끼고
정신과 육체 생명력 솟으니
기운 저장하는 충전소
백약이오름이라 불렀습니다.

들머리에서 바라본 백약이오름

● 백약이오름은 서귀포시 표선면 성읍리에 있는 오름이다. 백 가지 약초가 자랐던 오름이라고 해서 백약이오름으로 불리고 있다. 오름 가운데에는 가마솥처럼 둥그런 굼부리가 있다. 그리고 양쪽에는 손잡이 모양의 봉우리가 솟아 있다. 신선은 이곳을 선약지로 선정하고 모든 생명들에게 아픔을 치유할 수 있는 곳으로 삼았을 것으로 부인다. 지금은 잔디가 부드럽게 덮여 있어 그곳을 밟으며 굼부리 등성이 한 바퀴를 둘러보는 재미가 으뜸이다. 넉넉한 마음과 기운을 얻을 수 있다.

좌보미오름

오름 하나에
다섯 봉우리가 있다.
그 사이로
깊은 구릉이 있다.
가까이에는
새끼오름이 있다.

다섯 봉우리가 솟아 있는 좌보미오름

비탈진 기슭엔
유택 공간이 있다.

마치 그 곳에는
깊은 삶의 여정이
오롯이
담겨있는 듯하다.

오름 소나무 숲에서 자라는 겨울딸기

마음 울적한 날
좌보미 부인을 찾아
다섯 봉우리를
오르고 내리며
인생에 대해 여쭤본다.

그녀는 말한다.
"인생이란
울음으로 시작해
하나하나 이뤄가다

시간이 되면
모든 걸 내려놓고
소리 없이 빈손으로
떠나는 것이라네."

아하! 그렇구나.
삶이 무엇인지
몰랐던 나를
다시 한 번
되짚어보게 한다.

● 좌보미오름은 서귀포시 표선면 성읍리에 있는 오름이다. 오름 생김새는 알오름을 포함
해 5개의 봉우리로 돼 있다. 그래서 오르고 내리기를 다섯 번이나 할 수 있다. 오름 경사
진 면에는 돌담으로 둘러싸인 묘소들이 자리를 잡고 있다. 마치 유아기에서 회년기까지
인생 여정을 체험하는 것 같은 기분이 든다.

새별오름

하늘과 땅이 인연 맺는 날
밤하늘 빼곡하게 별꽃 수놓고
밝은 등불 사이로 큰 문 열리며
영롱한 별 하나 내려앉는다.

드넓은 초원에 보금자리 지어
남쪽으로 웅장한 성벽 세우고
다섯 봉우리 휘돌아진 안방 꾸며
때가 되면 풀꽃들 얼굴 내밀어
아름다운 마음 널리 전한다.

5개의 꼭짓점이 있어 별모양을 닮은 굼부리

강추위와 맞선 새별오름 인근
일명 왕따나무

평화로 따라 오고가는 나그네
피어나는 향기에 취하고
부드러운 능선에 홀리고
그 옛날 추사도 감탄했던 곳
지나가던 노을이 길을 멈춘다.

하루해 가고 어둠이 내리면
두고 온 정에 그리움 사무쳐
초봄 경칩 날 별빛 비추면
들불 축제로 자신의 몸 태워
세상의 평화와 안녕 기린다.

● 제주시 애월읍 봉성리에 있는 새별오름은 굼부리가 별처럼 생겼다고 해서 붙여진 이름
이다. 오름의 뒤태를 보면 마치 별처럼 생긴 굼부리가 있다. 반면 평화로에서 보이는 남쪽
사면은 거대한 성벽, 또는 피라미드처럼 웅장한 모양을 하고 있다. 새별오름은 잡초와 잔
디로 이뤄져 매끈하고 부드럽다. 가을에는 고운 억새가 춤을 추면서 사람들을 끌어 모은
다. 추사 김정희도 그 옛날 평화로를 따라 가다 새별오름을 보고 감탄했다는 이야기가 전
해진다. 매해 3월 경칩이 있는 주말에 맞춰 제주들불축제가 열리는 장소이기도 하다.

동백동산

청렴하고 마음씨 고운 동백이
자신보다 남을 먼저 생각하며
누구나 자유롭게 즐길 수 있는
선흘곶자왈 놀이동산을 세운다.

빵 껍질처럼 부풀은 상돌 깔고
한겨울에도 물 얼지 않게 녹여
뱀·개구리 뛰노는 동물원 품은
거대한 상록 천연식물원 꾸민다.

동백동산 곶자왈 내에 있는 '먼물깍' 연못

최고의 아름다움 뽐내는 동산
모두가 찾아와 재미있게 놀다
어떤 나무는 마음에 들었는지
아예 터 잡고 떠날 줄 모른다.

그러다 하나둘 물밀듯 밀려들어
이 나무 저 나무 자리 차지하고
힘없는 동백은 여기저기 쫓기다

머물렀던 자리마저 빼앗긴다.

어느 날 나그네 그곳 찾았을 땐
윤기 흐르는 상록, 불타는 다홍
온데간데없고 가녀린 몸체만 남아
돌아오는 길 무상함만 가득하더라.

●제주시 조천읍 선흘리에 있는 동백동산은 곶자왈 습지다. 2011년 람사르습지에 등록됐
다. 숲은 원시림처럼 울창한 상록수로 덮여 있다. 숲 가운데에는 '먼물깍' 습지가 있다. 과
거 이곳에는 동백나무가 많았다고 한다. 그런데 최근 이곳을 찾았을 때는 동백나무는 다
른 나무 사이에 끼여 힘없이 자라고 있다. 가녀린 줄기가 안쓰러움을 더 한다.

따라비오름

따라비는
지아비가 아니라
알뜰살림 꾸미며
가정 돌보는
평범한 부인입니다.

따라비오름 탐방로 가장자리에 핀 물매화

들머리는
누구나 마음 편히
드나들 수 있도록
여러 곳으로
열어 놓았습니다.

집 마당은
훤히 볼 수 있도록
키 작은 들풀로
한가득 채워놓았습니다.

사는 공간은

편히 쉴 수 있도록
안방 · 사랑방 · 작은방…
여러 개 꾸며놓았습니다.

출가한 자식은
장자 · 모지 · 새끼 모두
가까이에서

능선이 아름다운 따라비오름 굼부리

오순도순 살고 있습니다.

이렇듯
돈독한 가족애는
부인이 만들어낸
남다른 부드러움이
스며들었기 때문입니다.

● 서귀포시 표선면 가시리에 있는 따라비오름은 능선곡선이 부드럽기로 유명하다. 그래서 '오름의 여왕'이라고 한다. 굼부리는 위에서부터 아래로 갈지자를 이루며 3개가 연이어 있다. 주변에는 장자오름, 모지오름, 새끼오름이 이웃해 있다. 가을에는 억새 군락이 주변을 물들인다. 물결치는 억새의 군무가 돈독한 가족애를 과시하는 것 같다.

성불오름

오랜 옛날
송당리 너른 들판에
두 봉우리 나란히 세우고
꼭대기 하나엔 큰 바위 올려놓아
날마다 동녘을 향해
염불하는 자세를 취하니
이는 본디 불과佛果를 얻고자 함이요,
중생에게 수행의 길을 열어주고자 함이라
그 뜻이 남달라
성불成佛이란 호칭을 전수 받는다.

사람 손닿는 것 자체가 욕심인 듯
티 없이 순수한 마음
햇빛이 주는 대로
바람이 만드는 대로
흙과 돌과 나무와 들풀로
왕생 불탑을 쌓는다.

해탈의 길목에는
일주문—柱門 들머리 못지않게
넓게 펼쳐진 목장 사이로
가는 이, 오는 이 불편함 없도록
큰 길 열고 잔디 입혀
내딛는 발걸음 부드럽게 한다.

사찰이 있었던 것으로 알려진 성불오름

성불의 중심에는
불상을 모셔놓은 대웅전처럼
고샅 틈에 아담한 성물천成佛泉 내어
좁고 깊은 골짜기 따라
맑은 샘물 졸졸졸 흘려보내면
새소리 바람소리 너나없이
한마음으로 합장한다.

서녘 자락에 있는
나지막한 오름 감은이두
무념무상에 든 수도승처럼

성불 앞에 나부죽이 엎드려
불경을 간경看經한다.

과욕에 허방다리만 짚어왔던 나도
가던 길 멈추고
성불오름에 들어
그간 제대로 살아왔는지
속세의 삶을 뉘우친다.

그렇게 성불오름은
오늘도 묵묵히
지극정성 염불로
사바娑婆세계를 보듬고 있다.

●제주시 구좌읍 송당리에 있는 성불오름 중턱에는 성불암이라는 사찰이 있었던 것으로 알려지고 있다. 12세기 고려시대에 창건했으나 17세기 조선시대에 들어 사라진 것으로 추정되고 있다. 오름 중간에는 성불샘이 흐르고 있다. 한때는 인근 주민들까지 이 물을 식수로 이용하기도 했다. 오름 정상에는 봉우리 2개가 동·서쪽에 위치해 있는데 동쪽에 있는 봉우리에는 큰 바위가 있어 마치 염불하는 듯한 모습을 하고 있다. 또한 서남쪽에는 작은 감은이오름이 있는데 이 또한 성불 앞에 엎드려 간경을 하는 수도승처럼 보인다.

머체왓숲길

바위덩어리 솟아
군락을 이룬 머체
실체는 없고
이름만 남아있네.

나그네 찾아와
이곳인가 저곳인가
어찌할 줄 모를 때

머체악이
친절하게 말한다.
"나무 우거진
오름이 있어요."

머체골도
덩달아 말한다.
"마을을 이뤄
사람이 살았어요."

숲길 입구에 세워진 돌간판

마을이 있었던 머체골

머체왓도
한마디 덧붙인다.
"밭을 일궈
농사를 지었어요."

그리고
한목소리로
"머체숲길에
악 · 골 · 왓 모아
머체공원 열었어요."

그렇구나,
그래서 독특하구나.

● 머체왓숲길은 서귀포시 남원읍 한남리에 있다. 2012년 '우리 마을 녹색길 조성사업'공
모에 선정되면서 본격적으로 추진된 숲길이다. 머체왓소롱콧길과도 연결돼 있다. 머체는
풍화작용에 의해 땅이 걷어지면서 땅속에 있던 바위덩어리가 드러난 것을 말한다. 전문
용어로는 지하용암돔인 크립토돔이라고 한다. 실제 가시리 쫄븐갑마장길에는 행기머체와
꽃머체가 있다. 그러나 머체왓숲길에는 지질적 특성을 가진 머체는 없고 이름만 빌려 쓴
것으로 보인다. 그럼에도 머체골 · 머체왓 · 머체악을 모아 하나의 이름으로 부르는 곳은
이곳 말고는 확인되지 않고 있다. 그렇기에 더욱 정이 드는 숲길이다.

붉은오름(가시리)

아! 나는
능선 · 기슭 · 바다
피부색 그 어디에도
붉은 데가 없는데
모두 붉었다고 하니
붉지 않을 수 없습니다.

자연휴양림 광장에서 바라본 붉은오름

아! 나는
사는 집 굼부리마저
부르는 이에 따라
원형이라 하고
복합형이라 하니
도저히 종잡을 수 없습니다.

아! 나는
집 주소마저
이쪽저쪽도 아니
교래리와 가시리

양쪽에 걸쳐 있어
혼란스럽기 그지없습니다.

아! 나는
백록담에서 일출봉까지
거대한 오름 줄기
등성마루
중간에 끼어
마치 샌드위치 같습니다.

아! 나는
더 신선한 길
해맞이숲길 나타난 후
지난날 인기마저
서서히 시들면서
변방으로 내몰리고 있습니다.

아! 나는

이것도 운명인지라

말없이 받아 안고

불안한 경계선에서

외줄 타듯

오늘도 살아가고 있습니다.

● 서귀포시 표선면 가시리에는 붉은오름이 있다. 붉은오름자연휴양림 속에 있는 오름이다. 붉은오름의 명칭 유래를 보면 한자 그대로 '적악赤岳'이다. 오름을 덮고 있는 흙이 유난히 붉은 색을 띤다고 해서 붙여진 이름이다. 그러나 실제 오름 어느 곳에서도 붉은색을 띤 구석을 찾아 볼 수 없다. 그래서 검은오름黑岳이라는 명칭을 갖기도 하다. 또한 오름의 대표 주소는 표선면 가시리 산158번지에 두고 있다. 그럼에도 오름 전체로 볼 때는 주소가 둘로 나눠져 있다. 실제 제주시(조천읍)와 서귀포시(표선면)의 경계를 이루고 있는 오름이기 때문이다. 이와 함께 오름 정상에 있는 굼부리 모양도 상층부에서는 터진 모양(말굽형)으로 흘러내리다 남사면 중턱에 이르면 움푹 팬 원형으로 바뀐다. 이중형이다. 이를 볼 때 붉은오름은 이것도 저것도 아닌 어중간하거나 순탄하지 않은 외줄인생과 닮은 점이 있는 오름이다.

큰지그리오름

백록담에서 긴 능선 타고
힘차게 흘러 내달리다
지그리之基里란 이름 달고
반듯하게 쌓아올린 힘은
어디에서 나온 것입니까?

들쭉날쭉 돌덩이 틈새로
뿜어내는 따뜻한 온기 받아
풍성한 식물 가꾸는 곶자왈
부드러운 듯 강인한 힘은
어디에서 나온 것입니까?

민오름에서 바라본 큰지그리오름

수많은 색이 있음에도
오로지 초록만을 고집하며
수 백 만 년을 한결같이
중요성을 일깨우는 힘은
어디에서 나온 것입니까?

많은 사람이 다녀가도
모든 걸 다 알고 있는 듯
흔들림 없이 받아주며
즐거움을 나눠주는 힘은
어디에서 나온 것입니까?

그것은 큰지그리오름만이
오랜 시간 참고 견디며
튼튼하게 다져놓은 기본
나갈 길 바로 잡아주는
정신적 바탕의 힘입니다.

● 제주시 조천읍 교래리에 있는 큰지그리오름 탐방길에는 곶자왈이 포함돼 있다. 큰지그리오름은 백록담에서 해안까지 흘러내린 오름줄기 가운데 북동쪽 방향으로 뻗은 오름줄기의 중심에 자리 잡은 오름 중의 하나다. 그래서인지 '지그리之基里'의 한자명을 보면 기본을 의미하는 '基'자에 마을이나 이웃을 뜻하는 '里'자가 합쳐 있다. 이를 볼 때 큰지그리오름은 기본의 중요성을 일깨워주는 오름이라고 할 수 있다.
김수영 시인은 '기본의 소중함'에 대해 이렇게 읊조리고 있다. "나이를 먹고 세상을 알아갈수록/뼈지리게 느끼는 것은/바로 기본의 소중함이다./기본을 탄탄히 잡는다는 것은/결코 쉬운 일이 아니지만/일단 기본을 다지고 나면/나머지는 배로 수월하게 따라온다./마치 오랜 시간 공들여/장을 장만해 두고 나면/맑은 물에 있는 재료만 넣고/장만 휘휘 풀어도/먹음직스런 찌개며 국이 완성되듯이."

녹하지악

강추위 찾아오면
만물은 숨죽여 순응하고
한라산 하얀 사슴도
어디로 가야하나
힘겨운 계절
무리지어
산 아래로 발길 옮긴다.

이리 뛰고 저리 뛰며
머물 곳 찾던 그때
돌담 둘러있어
숨을 곳 많고
뛰어놀기 좋고
따뜻한 봄이 오면
고향 집으로 쉬이
돌아갈 수 있는 곳
마침내 좋은 거처 찾는다.

모든 짐 내려놓고
마음 편안하게
머물러 있던 어느 날
이기심 많은 사람들
하나 둘씩 찾아와
한마디 말없이
자신들 놀이터로 만든다.

뾰족하게 솟아 있는 녹하지악

보금자리 뺏긴 사슴들
저항 한 번 못하고
가족 잃고 친구 잃고
한 마리까지
완전히 사라지고

100여년이 흐른 지금
다시 찾아와 보니
사슴 놀던 흔적
그 어디에도 없고
저 멀리에서
백록담만 휑하니
두 눈에 들어온다.

● 녹하지악은 서귀포시 중문동에 있는 오름이다. 녹하지악鹿下止岳은 한라산 백록담에서 놀던 사슴들이 추워지면 무리지어 이곳으로 내려왔다는 데서 유래되고 있다. 지금으로부터 100년까지만 하더라도 한라산에는 사슴들이 살았던 것으로 알려지고 있다. 백록담 역시 흰 사슴이 살았던 못이라는 뜻을 담고 있다. 이를 볼 때 녹하지악은 한라산과 인접한 남쪽지역에 위치해 있어 추운 겨울이 되면 사슴들이 이곳으로 내려와 잠시 머무르기도 했을 것으로 보인다. 그러나 지금은 오름 주변을 돌담으로 두르고 구릉지에 골프장이 들어서 있다.

구두리오름

계절 타고
새봄 도착하면
땅 속에 숨어있던
노루귀 · 산자고…
지구 들어올리며
화려한 신고식
울려 퍼지는 곳

하늘로 뻗은 나무
덩어리째 뽑혀
쓰러져도
희미한 생명줄
놓지 않고
새순 돋우려
끊임없이
몸부림치는 곳

그러다가도

다시 흙으로 돌아가는 삼나무

숨이 멎으면
몸뚱이는
이웃의 자양분으로
아낌없이 내주고
그 자체로
행복해 하는 곳

그런 그곳에도
너나 할 것 없이
다투다가도
어우러지고
마침내
흙으로 돌아가는
시간의 순환
흐르고 있네요.

●제주시 표선면 가시리에 있는 구두리오름은 탐방로가 마련되지 않아 자연 그대로의 모습을 간직한 오름이다. 탐방객들이 많이 찾지 않은 곳이라 자칫 길을 잃을 수도 있다. 여름에는 왕성한 덤불로 가득 차 어떻게 헤쳐 나가야 할지 감감할 때가 많다. 덤불 속에는 쓰러진 나무 등이 얽히고설켜 무질서를 방불케 한다. 그런 곳에서도 봄이 오면 비좁은 공간을 뚫고 돋아나는 풀꽃들의 아름다움이 더욱 빛난다.

곶자왈

덩굴로 얽혀 있는 곶자왈

구멍이 뚫려 있는 땅바닥 암석

햇빛 살살
바람 솔솔
바위 송송
나무 싱싱
이끼 촉촉
:
숲의 허파
생명의
정거장

● 곶자왈은 숲을 뜻하는 '곶'과 돌을 뜻하는 '자왈'이 합쳐 만들어진 제주 고유어다. 화산이 분출하면서 쪼개진 바위덩어리들이 요철처럼 울퉁불퉁하게 형성돼 있다. 시간이 지나면서 나무와 덩굴이 뒤섞여 원시림을 이룬다. 곶자왈은 제주 전역에 걸쳐 다섯 개 지역으로 나눠진다. 동쪽에서부터 구좌―성산지대, 조천지대, 교래―한남지대, 애월지대, 한경―안덕지대가 그것이다. 사람들의 발길이 닿지 않은 곶자왈지대는 아직도 힘찬 생명력이 용솟음 치고 있다.

각시바위

기쁨도 내려놓고
슬픔도 내려놓고
오름 위에 잠든 듯
하고픈 말
바위에
깊이깊이 새기며
입 다물고 있구나.

실오라기
걸치는 것조차
부끄러운 일인 양
억겁 풍상에
굳고 굳어진
알몸뚱이 속으로
맺힌 한 억누르며
눈 감고 있구나.

골짜기마다

암자 세워
목탁소리로
새벽을 여니
그 정성 닿았는지
학수바위로
다시 소생했구나.

나무사이로 얼굴 내민 각시바위

● 서귀포시 중심에 있는 호근동에는 각시바위라는 이름을 가진 오름이 있다. 바위에 올라서면 서귀포 시가지가 한눈에 들어온다. 바위 구릉지에는 사찰이 들어서 있다. 이곳의 암석은 제주의 돌의 특징인 현무암과 다른 조면암이다. 아기를 원하던 여인이 이곳에서 떨어져 죽었다는 전설이 있다. 또는 날개를 편 학의 모양과 비슷하다고 해서 학수바위라고 부르기도 한다.

이달봉/이달이촛대봉

멀지도 않고 가깝지도 않고
크지도 않고 작지도 않고
알맞은 거리 아담한 맵시
형제가 만들어내는 조화

봉긋한 봉우리 부드러운 선
보는 곳마다 달라지는 얼굴
하나만을 고집하지 않는 마음
둘이 엮어낸 조합의 아름다움

촛대 세워 세상 등불 밝히며
바위굴로 외로움 흘려보내고
떨리는 숨결로 서로 품으니
따뜻한 형제애 올곧게 피었네.

쌍둥이 형제처럼 나란히 서 있는 이달봉(왼쪽)과 이달이촛대봉(오른쪽)

● 제주시 애월읍 봉성리에 있는 이달봉과 이달이촛대봉은 원추형 굼부리다. '이달'은 두 개의 봉우리를 아울러 이르는 말이다. 이처럼 이달봉은 큰 오름인 이달봉과 작은 오름인 이달이촛대봉이 쌍둥이 형제처럼 나란히 자리를 틀고 있다. '촛대'는 봉우리가 마치 촛대처럼 뾰쪽하게 솟아난 것처럼 보인다 해서 붙여진 이름이다. 멀리서 보면 두 개의 봉우리가 좌대에 놓여 있는 수석처럼 나란히 앉아 있는 모습이다. 이 두 오름은 형제애처럼 서로 도우며 살아가는 조화의 의미가 담겨져 있다.

궁대악

사랑하는 이 못 잊어
기다리고 기다리다
마침내 인연 맺은
노루 한 쌍이 있었습니다.

빼어난 외모는 아니지만
하루도 게으름 없이

봉우리가 나지막한 궁대악

내일을 준비하고
오늘을 열심히 사는
마음씨 고운 부부입니다.

아담한 곳에 둥지 틀고
나무숲엔 새우란 심고
돌담 밑엔 산자고 키우고
함께 즐길 수 있는
아름다운 정원 만들었습니다.

날이 새면 어제처럼
먹을거리 찾아
사냥터로 일터로
귀여운 자식까지 돌보며
둥글둥글 둥글게 살았습니다.

그러던 어느 날
그들의 행복한 삶도

궁대악에 마련된 자연생태공원 표지판

철조망으로 가둬지고
자연생태공원에게
고스란히 내주고 말았습니다.

높은 둘레 갇힌 노루
두 눈 동그랗게 뜨고
쳐다보는 모습이
지난날 그리움
눈물로 하소연하는 듯합니다.

● 서귀포시 성산읍 수산리에 있는 궁대악弓帶岳은 나지막한 오름이다. 오름 허리 부분이
활처럼 띠로 둘러져 있다고 해서 붙여진 이름이다. 주변에 있는 오름들도 대부분 올망졸
망한 크기로 이뤄져 있다. 이곳에는 주변 농경지 등이 함께 있어 노루들이 많이 있었던
것으로 알려지고 있다. 2014년부터 오름 둘레를 철조망으로 울타리를 치고 노루자연생태
공원으로 조성하다 최근에는 이의 명칭을 자연생태공원으로 바꿔 운영하고 있다. 철조망
에 등을 기대고 누워있는 노루의 동그란 눈망울이 애처로워 보인다.

낭끼오름

둥글고 야트막한 낭끼오름

수산리 소재 '한못'과 그곳에서 자생하는 전주물꼬리풀

한나절 지친 몸
나무 그늘 벗 삼아
갈옷 벗어 놓고
두 다리 길게 뻗어
한숨 쉬어갔던 곳

넓은 초원 누비며
풀 뜯던 짐승은
시원한 물 '한못'서
전주물꼬리풀 헤집고
타는 목 축이며
힘 비축했던 곳

말 없는 초목은
늘 그 자리에서
새순 틔우고
신록 물들이며
풍성함 뿜어내는 곳

둥그런 굼부리

야트막한 구릉지

휘감은 언덕 삼아

당모루 제터에서

한 해의 고마움

정성으로 기렸던 곳

산책길 나그네도

한발 한발

내딛는 발걸음에

그 정기 담으며

즐겁게 이야기꽃 나눈다.

● 서귀포시 성산읍 수산리에 있는 낭끼오름 역시 힘들지 않게 오를 수 있는 오름이다. 남거봉이라고도 한다. 오름 주변에는 중산간 드넓은 목장지대를 이루고 있으며 인근에는 큰 연못 '한못'이 있다. '낭'은 나무의 제주 방언이다. '끼'는 변두리지역을 의미한다. 그래서 낭끼오름은 마을로부터 떨어진 곳으로 나무가 있는 변두리지역의 오름을 뜻한다. 또한 연못에는 멸종 위기에 놓인 전주물꼬리풀이 자생하고 있다. 물론 복원도 병행하고 있다. 이곳을 찾으면 아기자기하게 꾸며진 주변 오름들과 넓은 목장지대가 쏠쏠한 아름다움으로 다가온다.

3. 저고산지대

붉은오름(광령리)

흐드러지게
꽃 피는 계절에
가보지 않은 길
산속 오름으로
장군은 갔습니다.

최후의 대몽항전
죽어 가는 부하들
모두 가슴에 묻고

어둠 속으로 들어가는 저녁무렵의 붉은오름

산속 오름으로
장군은 갔습니다.

남겨진 흔적조차
부끄러운 일인 양
사랑하는 가족까지
먼저 보내 놓고
산속 오름으로
장군은 갔습니다.

계곡을 건너고
나무를 스치며
굴곡진 능선 넘어
말없이 뚜벅뚜벅
산속 오름으로
장군은 갔습니다.

한번 가면

정상의 꽝꽝나무군락

돌아올 수 없는
그 길 따라
모든 걸 내려놓고
산속 오름으로
장군은 갔습니다.

세상과 이별하는
마지막 순간
붙어 있는 목숨
단칼로 끊고
산속 오름에서
장군은 갔습니다.

쓰러지면서도
굽히지 않는 용맹
핏빛 솟구쳐
오름을 물들이니
붉은오름으로

장군의 뜻 기렸습니다.

수백 년 흐른 지금
그 길 걷노라면
산천초목 어느 하나
말은 없어도
그날 그 심정
뼈아프게 다가옵니다.

● 제주시 애월읍 광령리에 있는 붉은오름은 색다른 오름이다. 제주의 오름들 가운데에는 '붉은오름'이라는 이름을 가진 오름들이 여럿 있다. 이들 오름들은 흙이 붉어서 붉은오름이라는 명칭을 붙이는 것이 대부분이다. 그러나 광령리 붉은오름은 김통정 장군이 이끄는 삼별초군이 최후 항전을 하다 전멸하고 그로인해 오름 전체가 피로 물들었다고 해서 붙여진 이름이다. 이 오름은 항파두리성과는 직선거리로 10㎞에 있다. 이처럼 삼별초의 항전과 관련이 있는 오름들은 붉은오름 외에 여러 개 있다. 가장 먼저 애월 하귀리에 소재한 파군봉(바굼지오름)이다. 1273년 5월 여원연합군과 맞서 제주에서는 처음으로 전투가 벌어졌던 곳이다. 이어서 한라산 높은 지대인 붉은오름까지 밀려난다. 안오름(김통정 가족 죽임 당한 곳 추정)→극락오름→산세미오름→천아오름→붉은오름으로 이어진다. 유수암리에는 모친 등을 피신시켜 살았던 종신당이 있다. 그래서 붉은오름은 42년간의 기나긴 삼별초 항전의 종결지이다. 이후 제주는 몽고 지배 100년의 시작점이 된다. 최영 장군이 1374년 서귀포 범섬에서 몽고인을 모두 소탕하면서 이의 역사도 끝을 맺는다.

노꼬메

불덩이 용솟음치는 날
시뻘건 물 흘러넘치고
잠에서 깨어난 쌍둥이 자매
세상으로 큰 울음 터뜨린다.

그 위대한 탄생의 몸체
동서로 두 봉우리 솟고
깊은 골짜기 길게 뻗어
예쁜 공주로 거듭난다.

그렇게 한 몸에서 태어나도
세월 속 풍파와 부딪히며
이겨낸 강인한 정신
고유한 품성으로 자란다.

언니는 몸집이 크고 넓어
모험을 즐기는 도전성
밖으로 쏟아내는 자신감

들머리 목장지대에서 바라본 큰노꼬메

동적 이미지가 배어 있다.

동생은 작고 소심한 듯
온 몸뚱이 나무로 감춰
독특한 자신만의 세계
심오한 정적 이미지를 띤다.

그래도 두 손 마주잡고
부족한 것을 채워주며
서로 끊을 수 없는 존재
늘 깊은 자매애 샘솟는다.

큰노꼬메

가파른 비탈길 따라
가쁜 숨 몰아쉬며
높다고 하는
큰노꼬메에 오른다.

하늘과 땅 사이
234미터 꼭대기 서서
사방을 둘러보다

큰노꼬메 정상으로 다가가는 길

나도 모르게
감탄사가 절로 난다.

만약 저곳이
아무것도 없는
공간이었다면 어땠을까?
만약 저곳이
높낮이 없는
평지였다면 어땠을까?
만약 저곳이
부드럽지 않은
직선이었다면 어땠을까?
만약 저곳이
딱딱하게 세워진
건물이었다면 어땠을까?
만약 저곳이
전등불빛 물든
비색이었다면 어땠을까?

그 어디에도
더하거나 덜함 없이
있어야 할 곳에
있을 만큼만 있고
넘치지 않는
초자연적인 멋을
정신없이 사랑하다
영혼까지 뺏긴다.

큰노꼬메 북쪽을 두른 상잣길

●제주시 애월읍 유수암리에 있는 노꼬메는 큰노꼬메와 족은노꼬메로 이뤄져 있다. 두 오름은 말단 부분에서 서로 연결돼 있다. 큰노꼬메의 비고는 234m에 이른다. 말굽형 굼부리를 가진 오름들 중에는 가장 높은 오름이다. 오름 정상에서 바라보는 경관이 일품이다. 이처럼 큰노꼬메는 웅장하고 크다. 반면 족은노꼬메는 몸집이 작고 나무로 뒤덮여 있다. 이처럼 큰노꼬메와 족은노꼬메의 품성이 대조를 보인다.

추억의숲길

과거를 걷는 숲길이 있습니다.
서귀포시 서홍동 남쪽
왕복 11km 3시간 30분
어두워질 만큼 커튼 드리우고
울퉁불퉁 흙돌길 넘어
납작 엎드린 돌판 스쳐
삶의 여정으로 빨려 들어갑니다.

추억의숲길 하천에 있는 평상바위

과거를 만나는 숲길이 있습니다.
앞선 세대들이
남겨놓은 삶의 터전
집터 · 말방아 · 통시 · 사농바치터…
나무와 나무 사이로 걸었던
삼나무 · 편백나무 숲길
그 흔적 고스란히 남아 있습니다.

과거를 읽는 숲길이 있습니다.
처음과 끝 사이

사랑도 미움도 침묵도 떨림도…
보일 듯 말 듯 잡힐 듯 말 듯
아련히 녹아 있는
지나 온 일에 대한 회상
하나씩 일으켜 세우고 있습니다.

나도 그 숲길을 거닐고 있습니다.
지나왔던 그날
어린아이로 되돌아가

숲길에 있는 삶의 흔적 말방아

흐르는 개울물에

발가벗은 몸뚱이 맡기고

땅바닥에 내려앉아

달콤한 사탕 하나 물고 있습니다.

이제 과거를 받아 안고 있습니다.

추억의숲길 숨소리 따라

밀려오는 옛 이야기

내 마음에 젖어들어

평온의 깊은 울림으로 넘쳐납니다.

●서귀포시 서홍동에 위치한 추억의숲길은 한라산 중턱에 있는 천연 국유림지역의 숲길
이다. 들머리는 한라산 중턱을 가로 지르며 서귀포시 상층부를 관통하는 산록남로와 접해
있다. 숲길을 가다 보면 삼나무와 편백나무 군락지를 만나기도 한다. 숲길에는 잣성을 비
롯해 옛 집터, 통시, 말방아, 사농바치터 등 과거 화전민들이 터전을 일궜던 흔적들이 남
아 있다. 인근에는 2016년에 개장한 서귀포치유의숲이 자리를 잡고 있다. 완만한 경사로
이뤄진 숲길에는 수많은 식물이 자생하고 있다. 곳곳에는 크고 작은 하천이 가로 놓여 있
다. 숲길을 걷노라면 옛 추억이 새록새록 떠오른다.

서영아리오름

이웃해 있는 오름들 배경 삼아
남북으로 기다랗게 누워 있는 용처럼
완만하게 늘어진 모양새가 더없이 편안한 곳

도드라지거나 치우침 없이
봉우리마다 펼쳐놓은 숲 · 바다 · 들판…
한눈에 쏙 들어오게 놀랍도록 조화로운 곳

돌 하나하나가 뭉쳐 돌계단 낳고
물방울 하나가 모여 습지를 이루듯
나 홀로 떨어지지 않고 한 발짝 다가가 협력하는 곳

흩어져 있는 암석들 사이로
쌍둥이로 태어난 거석巨石 형제의 사랑처럼
따뜻한 마음 서로 품어주며 정다움 나누는 곳

수고했어요. 감사해요. 고마워요.
다정한 말 한마디로 하루의 피로 풀어주고

서영아리오름 정상

굳어질 수 있는 관계를 말랑말랑하게 녹여주는 곳

모두 하나 되는 화합의 광장
그곳이 바로 서영아리오름입니다.

● 서귀포시 안덕면 상천리에 있는 서영아리오름은 서쪽의 오름 중에 빼어난 오름이다. 사계절 어느 때나 찾아도 매력이 넘친다. 오름 반쪽은 억새 등 들풀과 조릿대로 뒤덮여 있고 반쪽은 천연 숲으로 우거져 있다. 잔디가 있는 정상에는 쌍둥이처럼 서로 마주보는 암석이 서 있다. 오름 한쪽 구릉지에는 습지가 형성돼 있다. 그리고 한편에는 커다란 바위가 한 덩어리씩 서로 얽혀 계단 모양을 하고 있다. 바위 정상도 있어 서쪽의 풍경을 조망할 수 있다. 이처럼 서영아리오름은 모든 것이 조화롭게 잘 갖춰져 있다.

학림천 물축제

숲 우거진 학림천 계곡에는 한여름 대낮 물축제가 열린다.
커다란 바위가 지나가다 계곡 따라 큰 물웅덩이 걸쳐놓았는데
어느 날 천둥과 번개가 "웅덩이에 물이 없다."며 호통을 치니
설움에 북받친 검은 구름이 비 오듯 눈물을 쏟아내자
타들어가던 계곡이 넘치고 웅덩이에는 물이 가득 찬다.
이에 물님이 어찌나 신이 났던지 하얀 물꽃 수놓으며
즐거운 마음 감추지 못해 졸졸 · 퐁퐁 · 콸콸 한 곡씩 내뽑는다.

학림천 계곡에 고여 있는 물

한참 놀던 물님이 자신들만 어울려 노는 것이 심심했는지
다 함께 놀 수 있도록 해달라며 바람과 햇볕에게 간청한다.
이에 바람은 이곳저곳 돌아다니며 만물을 흔들어 깨우고
햇볕은 뜨거운 열기 내뿜으며 너나 할 것 없이 물가로 내모니
덩달아 물님도 빨리빨리 오라며 잔물결 살랑살랑 고개 젖는다.

가장 먼저 윤기로 멋을 부린 개구리 한 마리가 물 만난 고기처럼
물위로 얼굴 내밀어 신기한 듯 똥그란 눈을 이리저리 굴리다
이내 뒷다리 곧게 뻗으며 쪼르르 물 바닥 돌 틈으로 잠수 탄다.
여기에 뒤질세라 물방개도 좌우로 몸을 흔들며 한껏 뽐내다
지남철 붙어있는 것처럼 물 아래로 미끄러지듯 빨려 들어간다.
날씬한 소금쟁이는 소도리쟁이 선수인 듯 긴 다리 걸치고
물위를 유유자적 돌아다니며 여기저기 헛소문 퍼뜨린다.

새끼 돌보던 목마른 직박구리는 작은 물웅덩이로 날아들어
갈증 난 몸속으로 물 한 모금 물 두 모금 꼴깍꼴깍 밀어 넣고
날개 파닥거리며 등목까지 시원하게 적시고 둥지로 사라신다.
어느 틈에 꼬마 녀석들 걸쳐 입었던 옷 다 벗어 던지고

물님에게 거리낌 없이 하나 둘씩 차례로 달려들어 안기니
물님도 그 모습 너무 귀여워 자신도 모르게 꼭 안아주더라.

매미소리 자지러지던 한여름 학림천 물축제는
거스를 수 없이 높은 곳에서 낮은 곳으로 흘러가는 순리처럼
늘 밝음만 있는 것이 아닌지라 때맞춰 어둠이 찾아오면
아쉬움 뒤로 하고 커튼의 뒤안길로 서서히 사라지더라.

학림천에 있는 속괴

●서귀포시 남원읍 하례2리 학림동에는 숨은 계곡 학림천이 있다. 학림동은 한라산 남쪽
의 첫 마을이자 남원읍에서 가장 서쪽에 위치한 마을이다. 학이 둘러싸인 마을이라고 해
서 붙여진 이름이다. 이 마을을 가로지고 있는 학림천은 수려한 계곡과 크고 작은 소沼들
로 장관을 이룬다. 고살리샘, 말고랑소, 예기소 등이 그것이다. 고살리샘 바위틈에서는 연
중 용천수가 솟아나고 비가 올 때는 계곡물이 넘쳐 물바다가 된다. 그 중에서 말고랑소는
비교적 넓고 깊어 물놀이하기에 좋은 곳이다. 여름철만 되면 많은 사람들이 이 계곡을 찾
아 무더위를 식히곤 한다. 물론 새들도 매한가지다.

천아숲길

사랑하는 임이여!
오름 사이사이를 지나
한라산 서쪽 옆구리 둘러
남북으로 뻗은
고즈넉한 길을
걷지 않으시렵니까?

사랑하는 임이여!
길고 긴 들머리 지나
움푹 팬 계곡 넘어
높고 낮음 있는
굴곡진 길을
걷지 않으시렵니까?

사랑하는 임이여!
햇빛 달가워 고개 들고
바람 못 이겨 휘어져도
손 흔들어 인사하는

붉은 옷으로 갈아 입은 천아숲길

순박한 길을
걷지 않으시렵니까?

사랑하는 임이여!
뿌리는 바위를 껴안고
몸은 장대 높이로
사열하듯 늘어선 나무
편안한 길을
걷지 않으시렵니까?

사랑하는 임이여!
바스락 낙엽 구르고
사각사각 풀잎 먹고
미세한 울림 있는
고요한 길을
걷지 않으시렵니까?

사랑하는 임이여!

가다가 지치면

잠시 냇가에 앉아

손과 발 담그는

시원한 길을

걷지 않으시렵니까?

사랑하는 임이여!

가야할 길이라면

오늘만은 다 잊고

하늘이 예쁘다고 하는

쾌적한 천아天娥 숲길을

함께 걸으면 어떨까요.

● 천아숲길은 한라산 서쪽 옆구리를 감싸고 있는 10.89㎞의 숲길이다. 숲길 곳곳에는 붉은오름, 노로오름, 돌오름 등이 자리잡고 있다. 천아수원지 계곡을 넘으면 평평한 흙과 자갈길을 만나기도 하고 우거진 숲길을 만나기도 하다 울창하게 자란 삼나무 숲을 지날 수도 있다. 또는 한라산 중턱의 천연수림과 빽빽하게 들어찬 조릿대군락지를 만날 수도 있다. 누구나 부담 없이 걸을 수 있는 숲길이다.

보리협곡

한라산 중턱 깊은 곳 외로이
뜨거운 심장 가눌 길 없어
거칠게 쏟아 낸 흔적들
장엄한 협곡으로 휘감는다.

굵은 마디 날카로운 각선
오름 허리까지 두 토막으로
서로 부딪혀 깎인 아픔들
인고의 세월로 엮고 엮는다.

협곡 나무다리를 건너는 나그네

제자리 찾아 피어난 생명들
생김새 하나 똑같은 것 없이
넘치지 않을 만큼 초록 빚어
소리 없는 몸부림으로 익어 간다.

그래도 한구석 비워둔 여유
나그네 찾아와 자리 잡으면
실타래처럼 풀어놓는 마음들

어느새 삶의 한 점 찍고 간다.

● 서귀포시 남원읍 신례리에는 보리오름이 있다. 보리오름 서북쪽을 관통하며 흐르는 하천이 신례천이다. 신례천은 한라산 중턱으로 갈수록 험준하다. 그래서 보리오름 인근 협곡을 보리협곡이라고 한다. 거대한 물줄기가 만들어 놓은 계곡 절벽이 한껏 그 위용을 뽐낸다. 계곡을 따라 오르다 평평한 바위에서 잠시 동안 자연과 마음을 터놓고 교감했던 느낌을 적어 본다. 한편 보리협곡은 한라산국립공원 내에 있어 당국의 출입허가를 받지 않고서는 들어갈 수 없는 곳이다.

돌오름

오늘도
숲의 심장
저의 돌마을을 찾아주신
신사숙녀 여러분
대단히 감사합니다.

이 순간만큼은
여러분이
숲속의 왕자며
공주이기에
최고의 예우로 모시겠습니다.

먼 길 보행로는
힘들지 않게
붉은 송이로
레드카펫 깔았으니
사뿐사뿐 밟고 오십시오.

그래도
오는 길 지루하면
조릿대 수놓은
오솔길 따라
놀멍 쉬멍 오십시오.

마을에 이르거든
돌가정마다

여기저기 돌들로 들어찬 돌오름 돌마을

생명 키우는
불멸의 탯줄을
눈으로 꼭 확인하십시오.

돌아간 후에라도
다시 보고 싶을 땐
삼백육십오일
문 열려 있으니
언제든지 찾아주십시오.

그리고
안녕히 가십시오.
또 뵙겠습니다.

● 서귀포시 안덕면 상천리에 있는 돌오름은 한라산 중턱에 있는 오름이다. 돌들이 옹기
종기 모여 있어 돌오름이라 부르고 있다. 돌오름 숲속에 들면 돌들이 성곽처럼 여기저기
모여 있는 곳이 있다. 넓적한 돌 위에는 서어나무가 돌 틈으로 뿌리내려 자라고 있기도
하다. 마치 돌마을처럼 보인다. 돌과 함께 커 가는 생명력이 숲의 심장과 같다. 그곳을 찾
아 돌마을의 정신을 느껴보는 것은 어떠실는지요.

물찻오름

숲속 높은 꼭대기
웅장한 굼부리에
괴어 있는 검푸른 물
오랜 세월 지나도
마르거나 넘치지 않고
청정함 이어져 오는 것은
무엇의 힘입니까?

비가 오나 가뭄이 드나
늘 고르고 일정한 양
개구리·뱀·붕어…
찾아오는 벗들에게
조건 없이 내어주는
아름다운 마음은
누구의 정입니까?

비탈진 벼랑 곳곳
울창하게 자란 생명들

짙푸른 신선함 모아
서로 서로 도우며
거대한 돔지붕 엮어
깨끗하게 보호하려는 것은
무슨 연유입니까?

울퉁불퉁 비좁은 비탈길
임 보러 가고 올 때
붐비는 사람 사이
넘어지고 미끄러지고
어깨 부딪혀도

사려니숲길 나뭇가지 사이로 보이는 물찻오름

미소로 화답하는 것은
누구의 배려입니까?

물도 오래 괴면 썩는다는
만고의 진리는
욕심 많은 인간세상에서나
쓸 수 있는 말이라고
물찻오름 연못이
속삭이듯 건네는 울림
당신의 마음속에서는
어떻게 들리십니까?

● 제주시 조천읍 교래리에 있는 물찻오름은 사려니숲길에 있는 오름이다. 정상에 있는
원형 굼부리에는 태곳적부터 마르지 않고 면면히 이어져 온 신비의 연못이 있다. 연못 가
장자리에는 나무들이 울창하게 자라 연못을 뒤덮을 정도로 돔지붕을 이루고 있다. 뿐만
아니라 숲의 자정 능력에 힘입어 수많은 세월 속에서도 청정함을 유지하고 있다. 한편 물
찻오름은 훼손 방지를 위해 휴식년제를 적용해 통제하고 있다. 1년에 한 번 날짜를 지정
해 그 기간에만 개방하고 있다.

노로오름

깊고 그윽한
한라산 중턱엔
노루가 많이 살았다는
노로오름이 있습니다.

여기저기로 뻗은
좁은 숲길
작은 하천
솟아난 봉우리
노루를 닮은 곳이 많습니다.

양지를 싫어하는
마음 아는지
숲으로 햇빛 가리고
먹을거리 넉넉하고
노루 삶터로 안성맞춤입니다.

그렇게 산 지

수많은 세월
서서히 다가오는
조릿대 습격에
고향 같은 보금자리
그들 손에 넘어가고 있었습니다.

시간이 흐르고
조릿대에 점령당한 날
눈물 머금고

붉은오름에서 바라본 노로오름

뿔뿔이 흩어지는 노루들
"그간 안일하게
대처했던 거야"
뒤늦은 후회로 가득합니다.

멀리서 지켜보던
삼형제오름이 던지는 한마디
"아무리 나약한 것이라도
얕보고 방심할 땐
튼튼한 철옹성도
속절없이 무너질 수 있지."

그곳 찾은 나그네
그 말이 귓가에
생생하게 들리는 듯합니다.

●제주시 애월읍 유수암리에 있는 노로오름은 천아숲길과 연결되어 있다. 노루들이 많아 살았다고 해서 붙여진 이름이다. 천연수림으로 가득 찬 숲 바닥에는 조릿대로 가득 차 있다. 심지어 오름 꼭대기까지 점령돼 있을 정도다. 저 멀리 조릿대 사이로 노루들의 울음소리가 간간히 들려오는 듯해 나그네 마음이 애처롭다.

숫오름/솔오름

한라산 남쪽 깊은 숲속에
이웃한 오름 하나 없이
적막감 흐르는 곳
지독한 외로움 이겨내며
자리 지킨 숫오름 있습니다.

우연일지 모르지만
멀지도 가깝지도 않는 곳에
우아하고 아름다움 뽐내며
누군가를 기다리는 듯
솔오름 자리하고 있습니다.

소곤대는 바람소리 타고
숲 향기 흐르는 달콤함으로
초롱초롱 고개 든 풀꽃으로
마음과 마음 주고받으며
서로 따뜻한 사랑 나눴습니다.

동백길 악근천 계곡에서 바라본 숫오름

그러던 어느 날
이들 사이 추억의숲길에
젊은 사내 들어와
새 터전 일궈 자리 잡으니
남몰래 오가던 사랑
조금씩 멀어져갔습니다.

편백나무·동백나무·조록나무
무리지어 훼방하듯
울창한 숲으로 뒤덮으니
마음 전할 길 막혀
마침내 헤어지고 말았습니다.

이들의 못다 이룬 사랑
오늘에 이르러
새로운 숲길로 다리 놓고
누구나 마음 달래는
'치유의숲'으로 거듭났습니다.

숫오름 들머리에 있는 서귀포치
유의숲 삼나무숲길

● 서귀포시 서호동에 있는 시오름은 숫오름이라고도 한다. 굼부리가 원추형이기 때문으로 풀이된다. 가장 가까운 곳에는 솔오름(서귀포시 동홍동 소재)이 있다. 미악산이라고도 한다. 굼부리가 있는 오름이다. 이들 주변에는 다른 오름이 없다. 오직 두 오름뿐이다. 이들 사이로 추억의숲길이 나 있다. 이들은 숲속 지근거리에서 사랑을 속삭이는 것처럼 서로를 바라볼 수 있던 때가 있었다. 그러나 지금은 울창한 숲으로 가려 서로 볼 수가 없다.

장생의숲길

들머리 정낭 지키던 돌하르방
가슴에 손을 가지런히 얹고
밀려드는 손님마다 한결같이
"어서오세요" 공손히 인사하니
장승도 나서서 덩실덩실 춤춘다.

장생이숲길에 있는 큰절물오름 탐방로

뜨겁게 내리 쬐는 한여름
곧게 뻗은 삼나무 숲 그늘에
모든 상념 내려놓고
가슴에 손발 가지런히 얹고
나뭇잎 새로 푸른 하늘 보니
등허리에선 어느새 새 기운 감돈다.

노란 리본 따라 11킬로미터
봄 · 여름 · 가을 · 겨울 열려 있는 길
수목으로 둘러싼 보드라운 길
노약자 · 어린이도 걸을 수 있는 길
내딛는 발끝에선 저절로 힘 솟는다.

어느 구석진 음지 작은 생명들
할 일 마친 헛꽃 스스로 뒤엎고
긴 줄기 끝에선 화려한 꽃 내밀고
누군가를 유혹하는 그들의 세상
살펴보는 것만으로도 활기 넘친다.

숲속서 울려 퍼지는 풀벌레소리
절정의 순간을 놓치지 않으려
짝 찾아 새끼 찾아 가족 찾아
목청껏 외치는 계절 속의 하모니
아무리 들어도 거슬리지 않는다.

상산나무 · 초피나무 독특한 향기
여름 한나절 최고 농도 발산하며
나무마다 뿜어내는 피톤치드
온몸으로 스며드는 향긋한 내음
오감 열어놓고 산림욕 만끽한다.

시원한 그늘 드리운 절물휴양림 삼나무숲길

열기 가득한 콘크리트 벗어나
햇빛·바람 함께 어우러지며
식물과 동물이 살아 숨 쉬는 곳
이들이 엮어내는 거대한 숲
직접 느껴 보니 별천지 따로 없다.

오래오래 사는 장생長柱처럼
누구나 지나온 발자취 남기듯
작은 메모지 펜 하나 꺼내 들고
오늘 다녀간 이곳의 이야기도
한 쪽으로 담는 삶이 장생長生이 아닌가.

● 제주시 봉개동에 있는 장생의숲길은 제주절물자연휴양림에 있다. 전국적으로 많이 알려진 자연휴양지다. 숲길 거리는 11.1㎞에 이른다. 울창하게 자란 삼나무 숲이 있고 천연림이 빼곡하게 들어차 있다. 대체적으로 평탄한 길이어서 누구나 쉽게 걸을 수 있는 길이다. 필요에 따라서는 큰절물오름을 건널 수도 있다. 숲길에는 삼나무 숲이 4㎞나 조성돼있다. 삼울길에는 아름드리 삼나무가 송곳처럼 하늘을 향해 곧게 뻗어 있어 감탄사가 절로 나온다. 여름철에는 도심의 찜통더위를 피해 이곳으로 밀려드는 사람들로 북새통을 이루기도 한다.

선돌바위

무슨 생각이 있기에
깊은 숲속에 꼿꼿이 서서
자리 한 번 떠나지 않고
누굴 애타게 기다리고 있을까?

2017년 7월 16일 선돌바위에 있는 나그네들

무슨 사연이 있기에
몸뚱이 흙속에 파묻고
돌 틈새로 노송 뿌리내려도
모든 걸 다 받아주고 있을까?

무슨 아픔이 있기에
밟고 올라가 뛰어놀아도
등허리 아낌없이 내주며
그 고통 끝까지 참아내고 있을까?

"그것은 오직 한 가지
영원히 살아가야 할 자가
잠시 머물다갈 그대에게

푸른 숲 사이로 우뚝하게 솟아 있는 선돌바위

조건 없이 베푸는 사랑이라고."
선돌이 조용히 속삭입니다.

● 서귀포시 상효동에 있는 커다란 바위다. 인근에는 선돌선원이 있고 선돌선원 북쪽에는
선돌오름이 있다. 돌이 서 있다고 해서 입석오름이라고도 한다. 오름 중턱에 드러난 바위
가 바로 선돌바위다. 바위틈에는 노송이 뿌리내려 자라고 있다. 한편 서귀포시 남원읍 하
례리 소재 한라산국립공원에도 입석오름이 있다. 그러나 이 오름은 국립공원 내에 있어
출입이 통제되고 있을 뿐만 아니라 아직까지 명확하게 알려지지 않은 오름이다.

4. 고산지대

사라오름

깊고 높은 숲속
백록담 동녘 능선에서
한결같이
세상을 관조하며 사는
신성한 오름 '사라'

가쁜 숨 몰아쉬며
찾았을 땐
울창한 숲으로
포근함 드리우고

부질없는 욕심
가득 찰 땐
굽이친 능선으로
깨끗함 담아주고

이 생각 저 생각
머리 복잡할 땐

물이 가득 고여 있는 사라오름 산정호수

맑은 호수로
잔잔함 심어주고

누구든지
사라오름에 들면
마술처럼
세속의 물 비우고
고운 심성 채워주네.

사라오름 전망대에서 바라본 백록담

● 서귀포시 남원읍 신례리에 있는 사라오름은 백록담 가까이에 있는 명승 오름이다. 백록담에서 동북쪽으로 뻗어 내린 능선에 위치해 있다. 성판악 등산로를 따라 가다 보면 사라오름 입구가 눈에 들어온다. 오름 꼭대기는 원형 굼부리가 형성돼 있어 비가 많이 올 때에는 산정호수로 장관을 이룬다. 전망대에서 부는 전경은 서귀포시에서 성산 일출봉까지 광활하게 펼쳐진다. 곳곳에 설치된 하얀 비닐하우스 과수원들이 마치 하얀 집들이 옹기종기 들어선 것처럼 새로운 신기함으로 다가온다.

영실계곡

영실계곡 들머리에 있는 입간판

그 옛날 아무 것도 없었던 불모지
허허 벌판을
정성껏 다듬어 영실靈室 걸작품으로
승화시킨 것은
하나로 모아진 어머니 영혼이 깊숙
이 녹아있어서입니다.

높디높은 등성이를 깊은 수직으로
깎아 내려
열두 폭 늘어진 치마처럼 병풍바위
펼쳐놓은 것은
사계절 고운 빛깔 빚어내는 아름다
움을 보여주기 위함입니다.

여기저기 흩어져 나뒹구는 암석들 한데 모아
반듯한 오백나한으로 환생시켜 줄 세운 것은
찾아오는 이들에게 올바름의 설법을 들려주기 위함입니다.

영실계곡에 있는 병풍바위

계곡물 흐르고 적송 늘어선 고요한 길을 지나
가파른 계단과 완만한 길 함께 섞어놓은 것은
삶의 고비 고비를 넘고 넘어야 함을 깨닫게 하기 위함입니다.

빼곡히 들어찬 수관樹冠들로 드넓게 펼쳐진 산 물결 따라
바다와 맞닿은 송악산과 마라도로 흘러내린 능선은
처음과 끝이 무엇인지를 직접 보고 느끼게 하기 위힘입니다.

들판마다 계곡마다 곱게 차려입은 색동옷 사이로
어느 가을 유난히 보리수열매 붉게 물들인 것은
어머니의 따뜻한 마음을 한때나마 보여주기 위함입니다.

이렇듯 모든 것이 나고 자라고 만들어지기까지는
혼이 담긴 정신과 마음과 땀이 스며들어있기에
구름마저 쉬어가는 안식처로 우리 곁에 영원히 남아있습니다.

● 서귀포시 하원동에 있는 영실기암은 복합형 굼부리를 갖고 있는 오름이다. 영실靈室은
'산신령이 사는 골짜기'를 뜻한다. 또는 5백여 개의 바위가 있어 오백나한, 또는 오백장군
이라고 부르기도 한다. 오백장군 앞에는 거대한 병풍바위가 둘러쳐져 있다. 지나가던 구
름이 병풍바위에 걸터앉아 쉬어가기도 한다. 한라산 어머니의 쉼터이기도 하다. 한라산
등반 코스 중에 하나인 영실 코스를 따라 오르다 보면 영실기암을 만난다.

오백장군

오백장군에는 이런 전설이 있습니다.

오름왕국 한라산 어머니는 딸을 많이 뒀습니다.
그 중에 딸 하나는 영실계곡에서 오백아들을 낳고 살았습니다.
흉년이 든 어느 해 어느 날 아들들은 모두
먹을 거리를 찾아 사냥터로 나갔습니다.

어머니는 사냥하러 나간 아들들이 돌아오면
먹이려고 커다란 가마솥에 죽을 끓이고 있었습니다.
그런데 죽을 젓던 어머니가 그만 실수로
펄펄 끓는 솥에 빠져 살아나오지 못하고 말았습니다.

사냥을 마치고 돌아온 아들들은
허기를 달래기 위해 어머니가 만들어놓은 죽을 맛있게 먹었습니다.
큰아들부터 차례대로 먹을 만큼 한 그릇씩 떴습니다.
그리고 막내아들 차례가 돌아왔습니다.
솥 비닥에 있는 죽을 뜨려는 순긴
그곳에는 뼈마디가 수북이 쌓여 있었습니다.

그제야 아들들은 사신들이 맛있게 먹은 죽이
어머니의 희생으로 만들어진 것임을 알게 되었습니다.
충격과 슬픔에 빠진 아들들은
그 자리에서 울다 지쳐 돌이 되고 말았습니다.
그 중에 막내아들만 이곳저곳을 떠돌다
섬의 끝자락에서 제주도를 지키는 바위가 되었습니다.

이 같은 슬픔은 영실 '바위눈물고랑'으로 환생한 듯
지금도 비만 오면 빗물이 두 줄기 커다란 '바위고랑'을 타고
계곡 밑으로 하염없이 흘러내립니다.

아들의 눈물로 생긴 듯한 두 줄기 바위눈물고랑

백록담

청명한 하늘에 닿을 듯
맑은 정화수 떠놓은 듯
하얀 사슴 뛰어노는 듯
웅장한 한라산 꼭대기에
타원형으로 놓인 백록담
속인들이 동경하는 상좌上座

가장 먼저 해를 맞고

물이 고여 있는 백록담

가장 늦게 노을 보내며
한 순간 한 순간도
가벼이 할 수 없는 일상
하루를 마무리하는
외로운 절정의 자리

곳곳으로 힘차게 뻗은
오름 능선의 최정점
하얀 포말 토해내며
아래로 달리는 물의 발원지
땅 밑으로 흐르는
수맥과 지맥의 꼭짓점까지
원점으로 모아지는
세상 이치 꿰뚫은 자리

구름도 머물다 사라지고
고였던 물도 채웠다 비우고
울부짖던 바람도 돌아서고
동장군도 왔다 떠나가고
사람들마저 오고 가고
모두에게 열린 무소유 자리

밀어닥친 폭풍과 맞서
부딪히고 깨지며
이겨낸 부악의 상처들
녹아 있는 고난과 역경
정상의 무게감 서린 자리

너와 나 하나로 묶어져
벗어날 수 없는 관계
어머니의 지혜 담긴
오름왕국의 등불이어라.

정상에 있는 백록담 표지판

● 서귀포시 토평동 소재에 있는 한라산 백록담은 해발 1950m에 있는 타원형의 화구호
다. 백록담은 약 140m 높이로 솟은 분화암벽으로 떠받치고 있다. 이 분화암벽을 '부악'이
라 하기도 한다. 백록담白鹿潭은 '흰 사슴이 물을 마시던 못'이라는 뜻이 담겨 있다. 과거에
는 백록담 물이 항상 고여 있었으나 지금은 비가 오지 않을 때는 바닥이 드러나곤 한다.
백록담은 남한에서 가장 높은 곳에 있다. 제주 오름왕국이 상좌다. 오름왕국 전역으로 이
어지는 능선의 최정점이며 바닷가까지 이어지는 물의 발원지이기도 하다. 그만큼 무게감
이 서린 자리이며 누구나 왔다 갈 수 있는 무소유의 자리이기도 하다.

제3장

생
명
마
다

이
야
기

오름왕국 정원에는 수많은 생명늘이 숨 쉬고 있다. 살아있는 숨을 놓았든
존재하는 모든 것에는 생명이 있고 나름대로의 고유함을 간직하고 있다.
그 고유함의 특징을 이야기로 그려 본다.

白雪의 삶

한겨울에 태어나
칼바람 벗 삼아
짧은 시간 머물다
홀연히 사라지는 白雪

꽃이 피어도
푸른 잎 돋아도
열매 영글어도
어울리지 못해
외로움 삼키는 白雪

힘닿는 곳마다
깨끗한 마음
순수한 마음
하얗게 수놓아
동심 자극하는 白雪

한 줌 햇살에

조르륵 조르륵
눈물 흘리며
괴로워하다
흔적 없이 떠나는 白雪

나무도
그 마음 아는지
모든 잎새 내려놓고
가만히 숨 죽여
맨몸으로 받아 안네요.

빨갛게 익은 겨우살이 열매를 뒤덮은 백설

삼나무 지혜

아무리 사랑하는 사이라도
둘이 하나 될 수 없음을 알기에
처음부터 일정한 거리를 두고
서로 마주보며 보듬고 있네요.

아무리 아끼는 사이라도
상대의 그늘에서 클 수 없기에
줄기에 난 잔가지 떨어뜨리며
하늘로 쭉쭉 내달리고 있네요.

아무리 넉넉함 있더라도
각자 자랄 수 있는 터수 있기에
욕심 없는 자기만의 공간에서
어깨 도닥거리며 크고 있네요.

아무리 훌륭한 연주라도
하나의 줄로 하모니 엮을 수 없기에
여럿이 함께하는 울림으로

장엄한 음률의 미 그리고 있네요.

너와 나 유연한 마음으로
비바람에 꺾이지 않도록 받쳐주며
선비 같은 삼나무의 올곧은 지혜
그대 곁을 걸으며 깨닫고 있어요.

사려니숲길 입구 비자림로에 있는 삼나무숲길

백서향

첫눈 내리는 날
한 다발 부케 들고
백서향 시집간다네.

가녀린 다리에
진한 초록 물들이고
백서향 시집간다네.

노오란 보조개에
하얀 순결 신고
백서향 시집간다네.

수줍은 미소에
천리 향기 흩날리며
백서향 시집간다네.

햇볕 바람 모두
축하받으며

백서향 시집간다네.

영원한 사랑
당신 곁으로
새색시 시집간다네.

2월의 봄

어제는
차가운 바람이 싫어서
창문을 꼭꼭 닫고
방구석만 지켰습니다.

밤을 지새운
답답한 맘
아침 서둘러
창문을 활짝 열었습니다.

붉게 핀 홍매화

햇살은 이미
기다렸다는 듯
열린 공간으로
와락 달려들어 안깁니다.

그 느낌
얼마나 감미로웠던지
나도 모르게
힘껏 받아 안았습니다.

그리고
햇살에 이끌려
나선 발걸음
양지바른
산책길로 들어섰습니다.

걷다가 부심코
눈길 간 곳에

홍매화 앞 다퉈
붉은 꽃망울
터트리고 있었습니다.

그렇게
봄의 향연은
조금씩 다가와
고운 빛깔로
나의 맘을
물들여놓고 있습니다.

보리수나무

산책길 나선
꼬마 녀석
작은 막대 하나
손에 들고
걸어가다
심심했는지

길가에
가만히 서 있는
보리수나무로
냉큼 다가가
시비를 건다.

얍! 얍!
칼싸움하듯
이리 휘두르고
저리 휘두르고

뜻밖의 공격에

맞닥뜨린

보리수나무

"그 녀석 제법인데"

다독거리듯

잔가지 흔들며

맞받아 웃어 넘긴다.

앙증맞게 핀 보리수나무 꽃

날씨의 절규

2018년 2월 하순
41년 만의 폭설
그 쌓인 응어리
입으로 게워낸다.

폭설로 뒤덮인 1100도로 가장자리 숲

봄의 길목 3월초
갑작스러운 폭우
그 북받친 설움
눈물로 토해낸다.

그리고 3월 하순
눈비 함께 쏟아
눈 먹은 산
물 먹은 도심
심장마저 쪼갠다.

날씨는
그렇게
한恨으로 절규한다.

무거운 짐

오늘도 그 길을
말없이 걷는다.

무거운 짐
배낭 하나 메고

걷다가,
걷다가,
그 걸음 멈춘 날

그땐,
그 짐도 함께
내려놓으리.

배낭을 메고 오름을 오르는 나그네들

오름 곳곳을 체험하는 나그네들

나만의 꽃

같은 나무에서
꽃 피었다고
똑같은 꽃이
되는 건 아니다.

비바람에
흔들리고 젖으며
필 때
그때야 비로소
나만의 꽃
나가 되는 것이지.

2월에 핀 왕이메오름 세복수초

눈속을 헤집고 얼굴 내민 세복수초

제4장

새해맞이 이야기

오름왕국은 치유의 고향이다.
찾아오는 사람 누구라도 가리지 않고 조건 없이 베푼다.
이에 대한 고마운 마음을 전한다.
새해가 되면 지난 한 해 베풀어준 은혜에 대한 고마움을 전하고
올해에도 잘 보살펴주실 겻을 비리는 마음이다.
또한 오름 하나하나를 찾을 때에도 그 때마다 오름 들머리에서
고마운 마음을 마음속으로 표한다.
1월 1일 새해 오름 해돋이 행사와 신년 기일을 정해 산신제 행사를 갖는다.

나의 길을 막지 마오

나는 가야하오
나의 길을 막지 마오
지금 이 순간만은 더 더욱
나의 앞길을 막지 마오

어둠이 걷히지 않은
이른 새벽부터
저 멀리 저편에서
새 희망의 메시지 받으려
나를 기다리는
그들의 간절함 들리지 않소

대천동 교차로 따라
길게 늘어선 차량 불빛만 봐도
그 마음 모르겠소

쓰린 속은 어묵국물로
밀려오는 졸음은 커피로

허기진 배는 빙떡으로
어르고 쫓고 달래가며

밧돌오름에서까지
나를 바라보며
맞잡은 두 손
저 애절함 들리지 않소

빨리 그들을 만나

2018년 1월 1일 07시 37분에 구름사이로 떠오르고 있는 밧돌오름 해

올해도 예쁘게 살라고
희망의 메시지
가슴 깊숙이
듬뿍 담아 주고 오겠소

철부지 구름아!
갈 길 바쁜 나
나의 길을 막지 마오

● 2018년 1월 1일 07시 37분 제주시 구좌읍 송당리에 있는 나지막한 밧돌오름 정상에 있었다. 오름동아리 일행들과 함께 신년 해돋이행사에 참여했다. 이곳에는 밧돌오름과 함께 안돌오름도 있다. 두 개 오름을 합쳐 돌오름이라고 한다. 일반적으로 같은 오름 2개가 있을 경우 한라산을 기준으로 가까운 쪽에 있는 오름은 안돌오름, 먼 쪽에 있는 오름은 바깥쪽에 있다고 해서 밧돌오름으로 부른다. 이날 해맞이행사는 처음에는 태양이 구름에 가려 제대로 볼 수가 없었다. 시간이 지나면서 태양은 구름사이로 조금씩 얼굴을 내밀었다. 그리고 간절한 우리의 소원이 전달됐는지 곧바로 응답했다. 태양의 강렬한 에너지가 이글거렸다. 참여했던 일행들은 한꺼번에 소리쳤다. "고맙다 해야. 올해도 너의 에너지를 받아 힘차게 나가겠다."고 다짐했다.

산신과 조우하는 날

1년에 딱 한 번
산신과 조우하는 날

2018년 1월 6일 10시
궷물오름 아늑한 곳에서
오름동아리 회원들과
공식적인 상견례를 한다.

새벽부터 분주한 손놀림
적갈 · 채소 · 과일 · 술…
미소 짓는 돼지머리까지
준비한 제물 차려놓고
무릎 꿇어 예를 갖춘다.

산신도 화답한다.
깨끗한 순백의 옷
만물에게 같이 입히고
비움과 겸손으로

일행을 맞이한다.

마주 앉은 자리
숙연한 두 얼굴

우리가 먼저 잔을 건네며
부탁의 말을 한다.
"올해에도 내딛는 발걸음
넘어지지 않게 보살펴주십시오."

이에 산신도 대답한다.
"걱정하지 마라."
뽀드득 뽀드득…
눈 밟는 소리로
그 마음 전한다.

시산제 축문

유세차-
서기 0000년 0월 0일 ○○의 해 기일을 맞아
저희 ○○○○○○회원 일동은
○○○ ○○○ 소재 ○○○○ 아늑한 자리에서
정성껏 준비한 제수를 차려놓고
설문대할망 산신님께 고하나이다.

저희 ○○○○○○ 회원들은
지난 ○○년 한해의 은총에 감사드리며
○○년 새해에도 오름이 주는 생명의 소중함을 깨닫고
오름을 더욱 아끼고 사랑할 수 있도록 하고
모두 하나 되는 마음으로 화합할 수 있도록 하고
건강한 몸과 정신을 가질 수 있도록 인도해 주시옵소서.

바라옵건대
아름다운 조화로 가득 찬 오름을 만날 때마다
저희들의 발걸음을 조용히 지켜보시고
내딛는 두 다리가 지치지 않도록 하시고

배낭을 둘러 맨 어깨가 굳건하도록 힘을 주시고
흥에 겨워 질러대는 경망스러움을 너그러이 받아주시고
낙오자 없이 안전한 산행이 되도록 보살펴 주시옵소서.

거듭 바라옵건대
풀 한 포기, 새 한 마리이라도 귀하게 여기고
아픈 오름이 있으면 회복될 수 있도록 하고
그 원형을 간직할 수 있도록 보살펴 주시고
오름과 닮은 너그러운 마음과 정을 듬뿍 주시고

걸어온 길을 되돌아볼 수 있는 여유를 주시고
포용의 힘을 가질 수 있도록 기원 드리옵나이다.

저희 ○○○○○○ 회원들은
열과 성을 다해 오름을 보전하고
후대에 물려줄 것을 다짐하며
마음으로 준비한 제수와 잔을 올리고
무릎 꿇어 소망스런 기원을 간절하게 드리오니
어여삐 여기시고 흔쾌히 받아주시옵소서.
상향 -

0000년 0월 0일 아침

○○○○에서

○○○○○○ 회원 일동

●산행을 하는 사람들은 1년에 한 번씩 새해 들어 시산제를 한다. 숲과 오름에 대한 감사의 뜻과 함께 안전한 산행을 할 수 있도록 도와달라는 부탁의 의미를 담고 있다. 축문을 통해 우리의 소망을 분명하게 전한다 지난 2018년 1월 6일에는 오름길라잡이연합회가 제주시 애월읍 유수암리에 있는 궷물오름에서 시산제를 지냈다. 이날은 눈이 많이 쌓여 궷물오름이 하얀 눈으로 뒤덮였다. 마치 산신이 우리를 흰 눈으로 맞이하는 듯 했다.

직선환경과 곡선환경

하루는 24시간이다. 이것을 모르는 사람은 없다. 누구에게나 똑같이 주어진 시간이다. 잘 쓰던 못 쓰던 관여하지 않는다. 자동적으로 소비된다. 그렇지만 이를 어떻게 사용하느냐 하는 것은 각자의 몫이다. 효율적으로 사용하는 사람이 있는가 하면 무의미하게 소비하는 사람이 있다.

직장 근로자의 하루 24시간 일정을 보면 대충 이렇다. 아침에 일어나 세수를 하고 식사를 한 후에 차량을 이용해 출근한다. 사무실에 가서 밀린 일거리를 처리하고 퇴근한다. 시간 날 때마다 휴대폰을 검색한다. 업무와 관련된 사람을 만난다. 퇴근하면 곧장 집에 들어가기도 하지만 때에 따라서는 직장동료나 친구들과 함께 음주를 한다. 커피숍에서 차 한 잔을 마시며 이야기를 나눈다. 그리고 집에 들어가 잠을 잔다.

이렇듯 하루 24시간을 보낸 공간은 대부분 직선환경이다. 네모상자 속에 갇혀 있다. 수직으로 뻗은 건물이 그렇고 잠을 자는 방이 그렇고 일하는 사무실이 그렇다. 곧게 난 도로는 물론 휴대폰 · TV ·

책상까지 그렇다. 심지어 수직체계로 이뤄진 직장 조직이 그렇다. 물론 곡선체계를 도입하기도 하지만 그것은 변형된 직선에 불과할 따름이다.

이처럼 편리를 추구하는 사람들은 끊임없이 직선환경을 만들고 있다. 그리고는 그 직선환경에 갇혀 살고 있다. 그칠 줄 모르는 편리욕구는 곡선환경을 밀어내면서 직선환경을 쌓고 또 쌓는다. 빨리빨리 속도와 경쟁한다. 그렇게 해서 얻은 것은 부를 상징하는 높은 빌딩이다. 구매 욕구를 촉발시키는 상품광고다. 각종 기술개발이다. 직선환경은 인간의 편리 충족과 돈이라는 매개체를 놓고 거대한 싸움이 벌어지는 시장과 같다.

그 이면에 나타나는 부작용에 대해서는 아랑곳하지 않는다. 직선환경이 커지면 커질수록 부작용도 그만큼 커지고 있음에도 말이다. 곡선환경에 대해서는 마치 닭 쳐다보듯 한다. 아무리 그렇더라도 인간은 숲과 오름 등 사연이라는 곡선환경과 완전히 등지고 살 수 없다. 인간 유전인자가 그곳과 닮아 있기 때문이다. 그래서 곡선환경에 있으면 마음이 자연스럽게 편안해지는 이유이기도 하다.

사람은 본래 숲이 우거진 곡선환경에서 태어났다. 전문가에 따르면 인류역사를 700만 년으로 추정한다. 아프리카 사바나 지역이 발상지다. 사냥을 하고 나무 열매를 따 먹으며 보낸 세월이 무려 99.9% 이상이 된다.

그 이후 인류가 집단생활을 한 기간은 그리 오래지 않다. 식량을 재배하고 가축을 사육하는 방법이 터득되면서부터다. 그 기간이 짧게는 5천 년에서 길게는 1만 년으로 보고 있다. 전체 인류 역사 가운데 겨우 0.001% 정도에 불과하다. 더욱이 오늘날 고도의 산업사회나 초연결사회가 이뤄진 기간은 이보다 훨씬 짧은 200년도 채 되지 않는다.

사바나 이론은 이에 대해 잘 설명하고 있다. "인간은 숲에서 태어나 그곳에서 장구한 시간을 보내다보니 유전적 성질이 자연환경에 맞게 설계돼 있다. 그런데 최근 200년 사이에 이룩한 도시생활 적응에 무리가 따르면서 심한 스트레스를 받고 있다. 반면 자연환경에 있으면 편안한 느낌을 갖는다."고 주장한다.

이처럼 인간의 편리를 위해 만들어진 직선환경이 다 좋은 것은 아니다. 오히려 움직임을 적게 하면서 정신적 피로를 가중시킨다. 다양한 생활습관성 질환을 유발한다. 그래서 하루 24시간 중에 1~2시간만이라도 직선환경에서 벗어나 곡선환경과 함께 할 수 있는 여유를 가지는 것은 어떨까 생각해 본다.

(제주新보/제주시론/2019.1.9)

| 작품 해설 |

오름왕국 제주에
치유에너지가 흐른다

－《오름왕국》을 통해 본 한영조 시의 본령本領

김길웅 (시인·문학평론가)

1.

'오름'은 한국의 다른 지역에는 없다. 따라서 그런 말도 없다. 가
장 제주적인 어휘다. 국어중사전에도 나와 있지 않고, 국립국어연구
원의 《표준국어대사전》에만 실려 있다. '산'의 방언(제주)이라고 풀이하
고 있다. 오름이야말로 제주만이 품고 있는 천혜의 비경이 아닐 수
없다. 오름이라는 자연 앞에 서면 찌릿찌릿 감전된 듯 온몸이 전율한
다. 경이롭다.

수많은 오름 군群 중 용눈이오름에 오르면, 굽이굽이 흐르는 능선
과 한쪽으로 움푹 팬 굼부리가 용이 누웠다 간 자리를 연상케 해 화
들짝 정신이 깨어난다. 휘둘러보거니, 섬 한복판에 흘립屹立해 장엄
한 한라산과 그 아래로 다랑쉬오름, 아끈다랑쉬오름, 동거문이오름,
높은오름, 손자봉 등 군소 오름들이 파노라마로 물결치면서 화산섬
본연의 모습이 한눈에 들어온다. 그 아기자기한 풍치에 눈이 가는 순

간, 감탄이 새어나온다.

한영조는 '오름왕국 이야기'에서 제주의 오름에 대한 소회를 토설한다.

"제주는 368개의 오름을 거느린 오름왕국이다. 한라산 백록담 정점에서부터 바닷가까지 이어진 능선 따라 크고 작은 오름들이 제주 전역에 걸쳐 분포해 있다. 오름과 오름 사이로는 계곡이 있고 숲길이 있고 구릉지가 있고 나무가 있다. 마치 하나의 관계망처럼 능선으로 연결된 끈끈한 유대의 대가족이다."

오름은 그냥 된 것이 아니다. 세계에서 유례를 찾아볼 수 없이 키가 큰 '설문대할망'의 설화가 전해 온다.

이 할망은 얼마나 몸집이 크고 힘이 셌던지 등짐으로 흙을 일곱 번을 옮겨놓으니 한라산아 됐고, 옮기면서 떨어진 한 덩이 흙들이 삼백 예순이 넘는 오름이 됐다. 그리고 그는 한라산을 베개로 삼아 누우면 발이 바다에 닿아 물장구를 칠 수가 있었고, 한라산과 관탈섬, 산방산과 단산 또는 성산 일출봉과 가파도 끝에다 한 발씩 딛고 앉아 빨래를 하기도 했다. 구좌읍 김녕의 입산봉 위에 있는 논도 이 설문대할망이 지나다 오줌을 눈 자리였다. 그런데 이 할망에게는 속곳이 없었다. 그래서 그는 제주도 사람들에게 속곳을 지을 베를 마련해 주면 제주섬과 목포를 잇는 다리를 놓아 주겠다고 했다. 그 속곳 힌 벌을 만드는 데는 명주 백 동이 드는데, 한 동이 오십 필이니 백동이면 오천 필이다. 그러나 제주도 사람들은 명주 백 동을 마련하기엔 너무 가난했다. 애써 모은 명주가 아쉽게도 아흔아홉 동밖에 안 돼 제주도가 그냥 섬으로 남아 있게 됐다고 한다. 그렇게 지내던 할망은 심심했는지 키 재기 물놀이를 한다. 곳곳을 돌아다니며 못에 있는 물이 얼마나 깊은지 확인한다. 그러던 어느 날 물장오리에 들어가 몸을 담근다. 그런데 물장오리 물의 깊이가 어마어마해 할망은 빠져나오지 못하고 그곳에서 생을 마감하게 된다.

이 설화는 제주도의 됨됨이와 운명을 상징해 주는 것이기도 하다. 이를테면 제주도 사람들이 애써 힘을 써도 겨우 명주 아흔아홉 동밖에 구하지 못한 것은 이곳 사람들이 예로부터 그렇게 가난하게 살았음을 말해 준다. 그리고 그토록 가난했다 하더라도 한 동을 마저 구하지 못했다는 것은 이 섬이 외딴 섬으로 고립될 수밖에 없는 숙명을 지녔음을 암시해 준다. 또 이처럼 거대한 할망이 제주도에 있었다는 것은 제주도가 여자가 많아 여자의 활동이 어기차게 큰 몫을 차지했던 사정을 드러내는 것이다.

제주의 거인설화巨人說話다. 설문대할망은 옥황상제 셋째 딸로 창조신격이었다. 그처럼 키가 큰 거인이면서 힘이 센 여자 설화는 우리나라 마고할미와 맥을 같이하고 있다. 이렇듯 제주도는 흙을 퍼 날라 만든 설문대할망의 피조물이다. 흙을 퍼 나르면서 가장 높은 봉우기가 한라산이 되고, 흘린 흙이 오름이 됐다. 그렇게 볼 때 설문대할망은 한라산을 만들었기 때문에 한라산은 설문대할망의 딸이며 한라산을 만들며 흘린 분신들은 설문대할망의 손자가 되는 것이다. 그래서 설문대할망은 곧 오름의 할머니가 된다. 참 그럴싸해 흥미롭다.

짐작컨대 한영조는 오름 이전, 설문대할망 설화의 신성함에 상당히 심취해 종국에 오름에 탐닉하게 됐을지도 모른다. 그런 그의 오름에 대한 지극한 관심과 애정이 오래전부터 제주의 오름을 오르게 했을 것이고, 그런 그의 취향이 제주의 자연 그 가운데도 특히 오름을 품게 했으리라.

오름은 제주도 사람들에게 매우 특별하다. 단순한 낭만이거나 마주하는 한낱 풍경이 아니다. 외경의 대상이다. 죽어서 돌아갈 사후 영혼의 안식처 같은 곳이다.

현재, 이 제주도의 오름들이 갖은 수난에 부대끼고 있다. 경작지의 확대, 도로개설과 송전탑 건설 등으로 말미암아 그 경관이 많이 훼손됐고, 지금도 그런 오름을 괴롭히는 무지하고 황당무계한 행위가 끊임없이 진행 중에 있다. 오름을 구성하는 스코리아는 도로 포장과 분재용으로 쓰기 위해 날로 채취가 늘어나고, 인공적인 초지가 조성되면서 본디 주변 경관과의 천연덕스럽던 조화를 이루지 못하고 있다.

한편에선, 오름의 환경생태 변화에 대한 우려의 목소리가 높아지는 가운데 오름을 지속 가능한 개발 대상으로 보호, 관리하려는 노력을 기울이고 있다. 일례로, 선흘의 거문오름 같은 경우다. 제주도 오름으로는 처음으로 2005년 천연기념물(제444호)로 지정됐으며, 2007년에는 한국 최초로 '서문오름 용암 농굴계'라는 명칭으로 세계유산의 하나로 등재됐다. 가슴 뛰게 하는 대목이다.

한영조는 단지 오름을 좋아하는 등산 마니아가 아니다. 오름에 대한 가치관을 적립하고 전문적 소양과 지식을 갖추기 위해 소정의 과정을 이수해 자격을 취득한 '산림치유지도사'다.

산림치유란 숲이라는 환경을 이용해 심신의 건강을 증진시키는 일체의 활동을 망라하는 말이다. 숲치유라 해도 된다. 수목을 매개체로 면역력을 높이는 것 등을 목적으로 하는 구체적인 치유요법이다.

자연 보호의 선구자 존 뮤어(John Muir)는 "우주로 가는 가장 확실한 길은 야생의 숲을 통하는 것이다."라고 설파했다. 숲의 풍치를 눈으로 즐기고, 개울의 흐르는 소리에 귀 기울이고, 어깨 위로 내리는 햇빛을 느끼면서 숲속을 걷는 것이 사람에게 끼치는 좋은 영향을 전하는 목소리가 우렁우렁하게 들려온다.

산림치유가 건강에 문제가 없는 사람들에게도 신체를 강화하고 피로와 스트레스를 줄이는 데 활용할 수 있을 뿐 아니라, 질병예방에도 직접적 영향을 미친다는 것이다. 연구에 따르면, 하루 20분 이상 숲을 보면서 살 수 있는 환경에 있는 사람이 도시 환경에서 숲을 보지 못하고 사는 사람보다 코르티솔의 분비가 13.4%나 적게 생성된다고 한다. 산림치유가 곧 스트레스를 감소시키고 감정기복을 완화시켜 주며 심박과 혈압을 안정시킨다는 게 입증된 것이다. 재활치유에 효과가 있고, 인체 생리와 감각에 자극을 줌으로써 심신의 안정과 생리적 반응의 활성화로 불안·우울 해소에도 효과가 있으며 산림욕은 면역체계를 강화시킨다는 보고도 있다.

제주의 오름은 민속신앙의 터로 신성시돼 오기도 했다. 지금도 오름 곳곳에는 마을사람들이 제를 지내던 터나 당堂의 흔적이 남아 있다.

오름은 제주도 사람들의 생활 근거지로 촌락의 모태가 됐다. 그 기슭에 터 잡아 화전을 일구고 밭농사를 짓고 목축을 했다. 전통가옥의 초가지붕을 덮었던 귀한 띠를 베어 오던 곳도 오름이다.

거듭 말하거니와 한영조에게 오름은 단지 즐기기 위한 대상물이 아니다. 오름에 경도된 나머지 그런 그의 시각이 다양한 스펙트럼으로 닿으면서 종국에는 철학으로 심화되고 체계화되기에 이르렀다. 오름 의식의 확산이 이에 그치지 않고 삶을 윤택케 하는 '힘'으로 치환한다. 그의 오름 산행엔 내딛는 걸음걸음 치유의 에너지가 흐르고 있다.

2.

오름을 오브제로 한 오름시 몇 편을 중심으로 한영조의 글에 스며 있는, 그동안 그가 축적한 산림치유의 우주관의 단면을 살펴보고자 한다.

> 오름왕국은 곡선의 도시다
> 이 땅에서 나고 자라는 생명이라면
> 생물이든 무생물이든 가리지 않고
> 허공으로 극히 자연스럽게 말아 올린
> 오름왕국의 부드러움을 이어 받아

보름달처럼 모나지 않고

둥글둥글 살아가도록 지켜주는 곡선

(중략)

곡선으로 그려진 장엄한 파노라마

높아졌다 낮아지고 커졌다 작아지고

끊어질 듯 끊이지 않고

백록담에서 바닷가까지 아래로

이어지며 파도치듯 흐르는 능선

- 〈오름왕국 곡선〉 부분

한영조에게 곡선환경이란 한마디로 오름을 축으로 하는 주변의 숲
과 나무와 풀과 들판 같은 자연을 망라한 의미가 될 것이다. 극명하
게 말해, 문명 이전의 원시적 그 순수의 함의含意라 해서 틀리지 않을
것이다. 과학과 물질문명의 발달이 생활에 합리와 편리를 제공했다
면 우리는 그에 못지않게 큰 것을 잃었다. 그것을 우리는 흔히 인간
성 상실이란 말로 함축한다. 일득이 있는 반면, 일실이 있었다는 것.
그럼에도 득과 실이 등가等價가 될 수 없는, 얻음에서 누리는 것보다
잃음에서 겪어야 하는 상실의 아픔, 그것은 실로 비극적인 것이다.
한영조는 이를 인식체계로서 직선환경과 곡선환경의 둘로 대비시켜
놓고 있다. 선명한 가치 터득이다.

어두운 도시에 갇혀 직선적인 삶으로 고단한 현대인이 찾을 곳은

단 한 군데밖에 없다. 곡선환경인 산(오름)을 찾아 숲과 나무의 숨결에 귀를 기울이는 일. 이것이 바로 한영조가 오름을 품고 살아가는 준거다. 그가 걸음을 내딛는 곡선환경의 현장, 물결치듯 흐르는 능선은 충분히 사람의 정신적인 삶을 풍요롭게 할 것이다.

> 영원할 것 같았던 오름왕국에도 직선 도시의 발이 뻗친다
> 언제부터인가 직선으로 만들어진 네모 난 상자들이 찾아와
> 다짜고짜 자리를 내놓으라며 야금야금 파고들더니
> 의견 한마디 제대로 물어보지 않고 막무가내로 파먹는다
>
> 자기 것처럼 나무를 베고 돌덩이를 부수고 땅을 갈아엎고
> 그 자리에 시멘트를 바르고 건물을 짓고 화려한 불빛을 장식하고
> 고속도로처럼 질주하는 끝없는 욕심은 그칠 줄 모른다
>
> ─ 〈오름왕국 심정〉 부분

왜일까. 어째 시인의 목소리가 처지고 음울하다. 음색만 그런 것이 아니다. 딴은 문명에 밀려 설 곳을 잃고 있는 실존의 처절함 앞에 속울음을 터뜨리고 있는지도 모른다. 속 깊은 곳에서 서러움에 울대 놓아 울고 있는 것일 테다. 그래서 글의 행간이 몹시 숨 가쁘다. 한영조의 감성이 날 서 예민하게 온다.

두 눈에 불을 켜지 않아도 거리에 나가 보면 한눈에 들어오는 일이

다. 나날이 곡선 생명들이 퇴락하더니, 이젠 거의 빈사상태다. 사람이 디밀어 들어설 자리가 위협 받고 있다. 이 땅을 지키고 지탱해 온 정신적 지주인 곡선환경이 죽음으로 내몰리는 심각한 형국이 아닌가.

버둥대다 인내의 극한, 어느 지점에 다다른 시인은 사람들을 죽음으로 내모는 직선환경의 몰풍스러운 작태 앞에 기어이 분노한다. "나만이라도 '부드러운 것이 강한 것을 이긴다'는 이치를 되새기며 끝까지 곡선과 함께 살겠노라고 이 세상을 향해 목 놓아 외쳐 본다."고.

사라봉은 압니다
그렇게 찬란하던 태양도
마지막 빛을 불사르며
서녘 너머로
저물어간다는 것을

사라봉은 압니다
그렇게 발 묶였던 여객선도
긴 고동소리 울리며
수평선 저쪽으로
사라져 간다는 것을

사라봉은 압니다

그렇게 사랑하던 그 님도

한마디 말없이

홀연히 떠나가면

가슴이 미어진다는 것을

- 〈사라봉〉 부분

　화자는 제주시 근교에 공원으로 자리해 있는 오름 사라봉에 올라 어디쯤에 앉거나 서 있을 것이다. 최근 요 몇 년 새 눈부시게 발전한 제주시 전경이 아스라이 두 눈으로 빨려들어 왔을 게 아닌가. 곡선을 깔고 앉았으면서 왜 시인의 목소리가 이처럼 애틋할까. 직선환경에 짓눌려 주눅 들어 버린 시대의 아픔을, 견뎌내기 버거운 슬픔으로 받아들인 데 연유하리라.

　무성한 솔숲 새로 들어와 가슴을 서늘하게 어루만져 주는 산바람도, 고단한 하루를 마감하며 붉게 물든 '사봉낙조'의 찬연함을 대하고서도 화자는 신명나지 않다. 날로 쇠락해 가는 오름에 대한 근심 때문이다.

　그러나 한영조는 결코 실의에 빠지지 않고 빛이 오는 쪽을 향해 손을 모은다. 이 시의 끝 연에서 시인은 이렇게 읊조리고 있다. "사라봉은 압니다/ 그렇게 떠난 빈자리도/ 동녘 저편에서/ 서서히 동살 걷히며/ 새 빛으로 채워진다는 것을"이라고.

백약은 알고 있었습니다
작은 들풀 하나에도
아프고 슬프고 외롭고
남모르는 사연이 있다는 것을

백약은 또 알고 있었습니다
보잘것없는 생명이라도
유일하며 소중함이 있기에
살아갈 희망이 있다는 것을

백약은 그 꿈을 그렸습니다
편히 쉴 수 있는 운동장에
곱디고운 양탄자 펼치고
큼지막한 가마 솥 걸어
백 가지 약을 달였습니다

– 〈백약이오름〉 부분

　백 가지 약초가 자랐던 곳이라 해서 백약이오름이다. 오름 가운데 가마솥처럼 둥그런 굼부리가 있고, 양쪽에 손잡이 모양의 봉우리가 솟아 있어 신선이 이곳을 선약지仙藥地로 선정해 모든 생명에게 아픔을 치유할 수 있는 곳으로 삼았으리라.

'백약은 알고 있었습니다'로 운을 떼더니, '또 알고 있었습니다', '그 꿈을 그렸습니다'로 마치 오름 해설사가 오름을 풀어내듯 친숙히 토설하고 있다. 솥을 걸어놓고 백약을 달였을 오름에서 한영조는 은연중 생명에 대한 존엄의 의지를 드러내놓고 있다. '보잘것없는 생명이라도 유일하게 소중함이 있다. 그러하므로 살아갈 희망이 있다'고. 백약이오름에 올라 얻은 깨달음이 아닐까. 시의 대상인 오름 속으로 들어가 그 속마음을 들여다보듯 아무런 막힘도 걸림도 없다.

> 햇빛 살살
> 바람 솔솔
> 바위 송송
> 나무 싱싱
> 이끼 촉촉
> ⋮
> 숲의 허파
> 생명의
> 정거장

> ─〈곶자왈〉 전문

곶자왈은 화산이 폭발할 때, 점성이 높은 용임이 크고 작은 바위 덩어리로 쪼개져 요철(凹凸) 형이 만들어지면서 나무와 덩굴식물이

뒤엉켜 숲을 이룬 곳, 제주방언으로 숲을 뜻하는 '곳'과 자갈(돌)을 뜻하는 '자왈'이 합쳐진 말이다.

그러니까 용암이 분출돼 흐르며 남긴 현무암 사이사이로 식물이 함께 살면서 이뤄진 원시림, 세계 유일의 환상의 숲이다. 제주도 동·서·북부에 걸쳐 분포하는데 지하수 함량이 풍부하다. 특히 보온과 보습 효과가 뛰어나 북방한계 식물과 남방한계 식물이 공존하는 독특한 숲이다. 곳자왈을 제주의 허파라 한다. 문명 이전 태곳적 제주의 원형을 고스란히 간직하고 있는 귀중한 보물이다.

햇빛, 바람, 바위, 나무, 이끼, 숲에 아직 사람의 손이 닿지 않은 자연 그대로다. 그걸 '살살, 솔솔, 송송, 싱싱, 촉촉'이라 감각적인 음성상징어로 시화한 화자는 종단에 '숲의 허파, 생명의 정거장'이라 추론했다. 그 순수, 그 천연덕스러움 앞에 시인은 벌써부터 숨이 차다. 곳자왈에 대한 외경의 극치다.

사랑하는 님이여!
오름 사이사이를 지나
한라산 서쪽 옆구리 둘러
남북으로 뻗은
고즈넉한 길을
걷지 않으시렵니까?
(중략)

사랑하는 님이여!
햇빛 달가워 고개 들고
바람 못 이겨 휘어져도
손들어 인사하는
순박한 길을
걷지 않으시렵니까?

사랑하는 님이여!
바스락 낙엽 구르고
사각사각 풀잎 먹고
미세한 울림 있는
고요한 길을
걷지 않으시렵니까?

- 〈천아숲길〉 부분

천아숲길은 한라산 서쪽 옆구리를 감싸고 있다. 천아수원지 계곡을 넘으면 평평한 흙과 자갈길 혹은 우거진 숲길과 문득 조우하게 된다. 울울한 삼나무 숲을 지나고 나면, 한라산 중턱의 천연수림과 빼곡히 들어찬 조릿대 군락지가 펼쳐진다. 그윽하고 아름다운 숲길이다.

숲길에 발 놓으면 사랑하는 님을 그리게 되는가. 오죽 가슴 뛰었으면 그랬을까. 시의 첫 연, 들머리를 '사랑하는 님이여!'로 열고 있다. '고즈넉한 길, 굴곡진 길, 순박한 길, 고요한 길…'천아숲길의 수사도 여간 다채롭지 않다. '햇빛 달가워 고개 들고/ 바람 못 이겨 휘어져 도'에 이르러 대상인 천아숲길과의 교감이 절정을 이룬다, 세공한 듯 감각적이면서 섬세 정교한 표현이다.

한영조는 단지 산림치유지도사에 그치지 않는다. 그는 지금, 오름을 품음으로써 자연 속으로 잠입해 함께 부침浮沈하는 경계에 빠져 있다. 그야말로 물아일체의 경지다. 열락悅樂의 세계가 따로 없다.

흐드러지게
꽃 피는 계절에
가보지 않은 길
산속 오름으로
장군은 갔습니다

최후의 대몽항전
죽어 가는 부하들
모두 가슴에 묻고
산속 오름으로
장군은 갔습니다

남겨진 흔적조차

부끄러운 일인 양

사랑하는 가족끼리

먼저 보내 놓고

산속 오름으로

장군은 갔습니다

- 〈붉은오름(광령리)〉 부분

붉어 붉은오름이라 이름을 붙인 여느 여사한 오름과는 다르다. 애월읍 광령리 붉은오름은 그 이름과 관련해 예사 오름이 아니다. 몽골에 대항해 끝까지 싸웠던 삼별초 수장 김통정 장군의 전설이 전해진다. 최후의 전투에서 장군과 부하 70여 명이 흘린 피가 오름 전체를 붉게 물들였다는 데서 이름 붙여졌다. 그러니까 이곳은 42년 동안 기나긴 삼별초 항전의 종결지이면서 이후 제주가 몽고 지배 100년의 시작점이기도 하다. 붉은오름은 역사의 뒤꼍에서 소용돌이쳤던 이 모든 것을 품었다. 어미가 자식을 가슴에 묻듯 품은 것이다.

화자는 "쓰러지면서도/ 굽히지 않는 용맹/ 핏빛 솟구쳐/ 오름을 물들이니/ 붉은오름으로/ 장군의 뜻 기렸습니다"고 그 장렬하게 노래한다. 장렬함이 극한에 이르러 처연하다.

3.

한영조는 제주숲치유연구센터를 운영하고 있는 대표 산림치유지도사다. 그의 오름 사랑은 지나는 한때의 바람이 아닌, 현실의 중심에 깊이 뿌리박아 삶의 일부로 자리매김해 있다. 그가 여태 관여해 왔던 일체의 영역에서 떠나와 삶의 중심에 서게 한 바로 그 핵심이다. 오름은 그에게 오늘이며 내일이다. 오름이 있어 그는 존재한다. 그에게 오름은 무한 가치이며 삶의 지표이고 자신의 생을 끌고 나아가게 하는 지향이고 푯대다. 그는 더도 덜하지도 않은 이름 그대로 오름왕국을 꿈꾼다. 이미 그 거대한 왕국의 설계는 끝난 지 오래일 테고, 나날로 이어지는 산행은 그것의 건설을 위한 실천적 행보임이 분명하다.

산림치유지도사 한영조의 오름 인식은 단호하고 견고하다. 이쯤에서 최근 그가 쓴 신문 칼럼(제주新보, '제주시론', 2019. 1.9.)을 인용할 필요가 있겠다.

"편리를 추구하는 사람들은 끊임없이 직선환경을 만들고 있다. 그리고는 그 직선환경에 갇혀 살고 있다. 그칠 줄 모르는 편리 욕구는 곡선환경을 밀어내면서 직선환경을 쌓고 또 쌓는다. 빨리빨리 속도와 경쟁한다. 그렇게 해서 얻은 것은 부를 상징하는 높은 빌딩이다. 구매욕구를 촉발시키는 상품 광고다. 각종 기술 개발이다. 직선환경은 인간의 편리 충족과 돈이라는 매개체를 놓고 거대한 싸움이 벌어지는 시장과 같다."라면서, 목소리를 가다듬는다.

"그 이면에 나타나는 부작용에 대해서는 아랑곳하지 않는다. (중략) 아무리 그렇더라도 인간은 숲과 오름 등 자연이라는 곡선환경과 완전히 등지고 살 수 없다. 인간 유전자가 그곳과 닮아 있기 때문이다. 그래서 곡선환경에 있으면 마음이 자연스럽게 편안해지는 이유이기도 하다."면서, 그 배경으로 사바나이론을 제시했다.

"인간은 숲에서 태어나 그곳에서 장구한 시간을 보내다 보니 유전적 성질이 자연환경에 맞게 설계돼 있다. 그런데 최근 200년 사이에 이룩한 도시생활 적응에 무리가 따르면서 심한 스트레스를 받고 있다. 반면 자연환경에 있으면 편안한 느낌을 받는다."

끝으로 그가 직선환경에 파묻혀 살아가는 오늘의 인간들에게 들려주는 육성엔 절박함이 묻어난다.

"인간의 편리를 위해 만들어진 직선환경이 다 좋은 것은 아니다. 오히려 움직임을 적게 하면서 정신적 피로를 가중시킨다. 다양한 생활습관성 질환을 유발한다. 그래서 24시간 중에 1,2시간만이라고 직선환경에서 벗어나 곡선환경과 함께할 수 있는 여유를 가지는 것은 어떨까 생각해 본다."

오름왕국 제주에 치유의 에너지가 흐른다. 도도하되 유장한 흐름이다. 그것은 상선약수上善若水다. 흐름의 중심에 산림치유지도사 한영조가 있고 오름에 올라 부르는 그의 시가 있다.

당신이 있어 오름왕국이 행복합니다.

제주숲치유연구센터 후원계좌
농협 351-1028-6233-13

시로 엮은 제주 오름왕국 이야기

곡선이 치유한다

1판 1쇄 발행 2019년 3월 18일

지 은 이 ㅣ 한영조
사   진 ㅣ 김선무
펴 낸 이 ㅣ 노용제
편집·디자인 ㅣ 서용석
펴 낸 곳 ㅣ 정은출판

출판등록 ㅣ 제2-4053호(2004. 10. 27)
주   소 ㅣ 04558 서울시 중구 창경궁로1길 29 (3F)
전   화 ㅣ 02)2272-8807
팩   스 ㅣ 02)2277-1350
이 메 일 ㅣ rossjw@hanmail.net

ISBN 978-89-5824-387-8 (03980)
ⓒ 한영조, 2019